之江实验室 ZHEJIANG LAB | 智能计算丛书·数字反应堆
Intelligent Computing Series

丛书主编◎朱世强
丛书副主编◎赵新龙
赵志峰
陈 光

计算制药

Computational Pharmacy

陈广勇　段宏亮　主编

ZHEJIANG UNIVERSITY PRESS
浙江大学出版社
·杭州·

图书在版编目(CIP)数据

计算制药/陈广勇,段宏亮主编.—杭州:浙江
大学出版社,2022.11(2023.5 重印)
ISBN 978-7-308-22903-6

Ⅰ.①计… Ⅱ.①陈… ②段… Ⅲ.①药物－研制－
计算 Ⅳ.①TQ46

中国版本图书馆 CIP 数据核字(2022)第 140485 号

计算制药

陈广勇　段宏亮　主编

策划编辑	殷晓彤	
责任编辑	冯其华	
责任校对	沈国明	
责任印制	范洪法	
封面设计	续设计	
出版发行	浙江大学出版社	
	(杭州市天目山路 148 号　邮政编码 310007)	
	(网址:http://www.zjupress.com)	
排　　版	杭州星云光电图文制作有限公司	
印　　刷	杭州钱江彩色印务有限公司	
开　　本	710mm×1000mm　1/16	
印　　张	6.5	
字　　数	89 千	
版 印 次	2022 年 11 月第 1 版　2023 年 5 月第 2 次印刷	
书　　号	ISBN 978-7-308-22903-6	
定　　价	78.00 元	

之江实验室智能计算丛书
编委会

丛 书 序

智能计算——迈向数字文明新时代的必由之路

纵观人类生产力发展史,社会主要经济形态经历了从依靠人力的原始经济到依靠畜力的农业经济,再到依靠能源动力的工业经济的变迁,正在加速进入依靠算力的数字经济时代。高性能算力对数据要素的高速驱动、海量处理和智能分析,成为支撑数字经济、数字社会和数字政府发展的核心基础。在全球新一轮科技革命与产业变革中,以算法、数据、算力为"三驾马车"的人工智能技术成为创新的先导力量,不断拓展新的发展领域,推动人类社会持续发生着巨大变革。未来,人类社会必将迈入人-机-物三元融合的"万物皆数"智慧时代,这背后同样需要强大的算力支撑。

与可预见的爆发式增长的算力需求相对的,是越来越捉襟见肘的算力增长。既有算法面临海量数据的挑战,对算力能效的要求越来越严格,算力的提升不得不考虑各类终端接入方式的限制……在未来十年内,摩尔定律可能濒临失效,人类将面临算力短缺的世界性难题。如何破题?之江实验室提出要发展智能计算,为算力插上智慧的"翅膀"。

我们认为,智能计算是支撑万物互联的数字文明时代的新型计算理论方法、架构体系和技术能力的总称。其核心思想是根据任务所需,以最佳方式利用既有计算资源和最恰当的计算方法,解决实际问题。智能计算不是超级计算、云计算的替代品,也不是现有计算的简单集成品,而是要在充分利用现有的各种算力和算法的同时,推动形成新的算力和算法,以广域协同计算平台为支撑,自动调度和配置算力资源,实现对任务的快速求解。

作为一个新生事物,智能计算正在反复论证和迭代中螺旋上升。在过去五年里,我们统筹运用智能技术和计算技术,对智能计算的理论方法、软硬件架构体系、技术应用支撑等进行了系统性、变革性探索,取得了阶段性进展,积累了一些理论思考和实践经验,得到以下三点重要体悟。

(1)智能计算的发展需要构建新的技术体系。随着计算场景与计算架构变得更加复杂多元,任何一种单一计算方式都会遇到应用系统无法兼容及执行效率不高的问题,推动计算资源和计算模式的广域协同则能够同时满足算力和能效的要求。通过存算一体、异构融合、广域协同等新型智能计算架构构建智能计算技术体系,借助广域协同的多元算力融合,能够更好地实现算力按需定义和高效聚合。

(2)智能计算的发展将带来新的科技创新范式。智能计算所带来的澎湃算力在科研上的应用将支撑宽口径多学科融合交叉,为变革科技创新的组织模式、形成社会化大协同的创新形态提供重要支撑。智能计算所带来的先进算法将有助于自主智能无人系统突破未知场景理解、多维时空信息融合感知、任务理解和决策、多智能体协同等关键技术,为孕育和孵化未来产业、实现"机器换人"、驱动产业升级提供新的可能。

(3)智能计算的发展将推动社会治理发生根本性变革。智能感知所带来的海量数据与智能计算的实时大数据处理能力,将为社会治理提供新方法、新工具、新手段。依托智能计算的复杂问题预测分析求解能力,实现对公共信息和变化脉络的深入理解和敏锐感知,形成社会治理整体设计方案和成套应用技术方案,有力推动社会治理从经验应对向科学决策的跃迁。

    站在信息产业由爆发式增长转向系统化精进的重要关口,智能计算未来的发展仍然面临着算力需求巨量化、算力价值多元化、智能计算系统重构化、智能计算标准规范化等多重挑战。在之江实验室成立五周年之际,我们以丛书的形式回顾和总结之江实验室在智能计算方面的思考、探索和实践,以期在更大范围内凝聚共识,与社会各界一道,利用智能计算技术,服务我国社会经济高质量发展。

    我也借着本丛书出版的契机,感谢国家、浙江省及国内外同行对之江实验室在智能计算领域探索的大力支持,感谢各位专家和同事的辛勤工作。

朱世强

2022 年 9 月 6 日

前　言

　　药,《说文解字》释为"治病之草",明确指出了"药"乃治病之物。药物与人们的生命健康息息相关。药物的研发是指将新的药物分子带入临床实践的过程,包括从寻找合适分子靶点的基础研究到支持药物商业化的大规模Ⅲ期临床研究,再到上市后药物监测和药物再利用研究的所有阶段。在药物研发过程中,传统实验方法的过程非常漫长且成本高昂。据估计,平均每种获批新药的总研发成本约为 26 亿美元,研发周期约为 13.5 年。因此,如何降低新药的研发成本、缩短研发周期,是工业界和学术界共同面临的挑战。

　　在药物研发的不同环节引入人工智能技术,可以极大地提升研发的效率,降低研发成本,加快研发进程,从而实现对传统制药行业的颠覆与革命。随着先进计算技术和人工智能技术的飞速发展,采用海量数据和先进算法来加快药物研发,推动计算制药向智能化阶段演进,已经成为制药行业发展的必然趋势。

　　之江实验室正在打造数字反应堆之智能计算药物研发平台,以加速推动计算制药的创新发展和转型升级。数字反应堆以智能计算的算力设施为基础,大数据为熔炉底料,人工智能模型和算法为催化剂来促进科学范式变革。通过交叉融合,达到快速筛选化合物、提高配体精确度等目的,加快整个药物研发的流程,提高药物设计的成功率,大幅降低新药研发的成本。

编　者

2022 年 4 月于杭州南湖

目　录

1 背景篇

1.1 制药的历史

在中国,药物起源很早。最早的"药"字出现于商周时期的青铜器铭文。自西周以后,"药"字使用逐渐增多,如《书经》有"若药弗瞑眩,厥疾弗瘳";《易经》有"无妄之疾,勿药有喜;无妄之药,不可试也";《礼记·曲礼》有"医不三世,不服其药";《周礼·疾医》有"以五味五谷五药养其病"等。药物的出现使得人们对抗疾病有了有效的方法和手段,而早期的药物发现并不涉及主动发现,以偶然发现为主,人们从动物和植物中寻找药物(如常山、麻黄等)来治疗疾病。直到秦朝帝王为了长生不老术而进行的炼丹活动,才让"制药"有了雏形。在一次次的实践中,人们将制药经验收集起来,编写成《周易参同契》《抱朴子》等早期中国化学制药著作。在此期间,人们的制药水平不断提高,相继出现了超细粉碎的"水飞"技术、除杂与分离的"酒溶冷凝"技术等。

在西方,早期的医药理解以宗教和信仰为主。人们认为疾病是由恶魔附体引起的,通常需要巫师"念咒语"或"施巫术"来驱除恶魔以进行治疗。这一现象直到古希腊医生希波克拉底(Hippocrates)基于观察、分析和逻辑推理,首次提出疾病是一个生理过程的概念才得以转变,医生和药物学家开始注重经验与理性,愈加依赖专业制药人员的帮助。随后,盖伦(Galen)继承了希波克拉底的传统,他基于体液病理学和药物的疗效,将药物分为简单制剂、混合制剂以及药物基质。然而,"神灵医学"仍然存在,信仰疗法和魔术疗法在当时依然占据着主导地位。16 世纪新柏拉图主义、赫尔墨斯主义等学说的复兴则彻底改变了人们对药物的认知。这些学说认为化学是理解自然的钥匙,人体器官的功能可以还原为各种化学反应,因此可以用化学方法制备药物。随后,人们便开始以分析化学为特征来制造药物,化学元素理论的发展也促使西方炼金术向现代医药化学转变[1]。

至近代,国内外的传统制药行业都已经十分成熟。回顾整个近代制药发展的历史,通常可以将其分为以下几个阶段。19 世纪末,随着化学工业的兴起,保罗·埃利希(Paul Ehrlich)提出了化学治疗的概念,打开了制药领域的新大门。在该阶段,含砷、锑的化合物被研发出来用于治疗梅毒、锥虫病等。至 20 世纪 30 年代,磺胺类药物得到了快速发展,青霉素、β-内酰胺类抗生素的有效使用使得化学治疗的范围逐步扩大,不再局限于治疗由细菌感染引起的疾病。1940 年,伍兹(Woods)和菲尔兹(Fildes)建立的抗代谢学说从根本上阐明了抗菌药物发挥疗效的机制,为制药学开辟了一条新的道路。在这一时期,制药学也得到了飞速发展,各种各样的药物相继面世,故被称为制药学史上的丰收时代。到了 50 年代末期,新药物的发现速度有所减缓。与之前通过药物的基本结构或显效基团来寻找新药不同,人们开始根据生理、生化效应和发病原因来寻找新药,如治疗精神分裂症的氯丙嗪[2]。60 年代以后,构效关系研究发展迅速,制药已由定性转向定量。人们通过对化合物的结构信息、理化参数与生物活性进行分析计算,建立起合理的数学模型,研究构-效之间的量变规律,并以此开展药物设计。随着药理知识的不断积累、计算机技术的不断发展、各学科的不断融合,传统制药正逐渐向计算制药转变,其主要研究内容包括靶点的识别、蛋白质结构预测、药物分子性质预测、化合物逆合成分析等。现阶段的药物设计更趋于合理化,模型建立更趋于正式化,且形式更多,内容更多,算法更多,效率更高。

1.2 计算制药的产生背景

药物研发是一门学科,更是一门综合性艺术。作为多交叉学科领域,完整的药物研发需要生物学家、化学家、计算机技术人员、物理数学科研工作者、毒理病理学家、药剂师及执业医师等共同参与。因此,药物研发往往需要一个大型的精通各方面知识的团队。在现阶段,药物研发主要在工业上展开,由各大制药公司搭建一个大规模团队并协调各个科学团队之间的合作。近年来,部分高校也开始开展制药方向交叉学科的研究,成为制药学领域一股隐藏的力量。随着对药理学知识、分子结构的深入研究,以及计算机技术的快速发展,高校将在未来的制药学研究中扮演更为重要的角色。

然而,尽管新药理论研究、技术手段、组织架构在不断发展,但全球药物研发还是逐渐显现疲态。药物研发既耗时又昂贵,且失败率极高。为了找到安全、有效的药物,人们往往需要对数千种化合物进行各种实验测试。新药研发一直被认为是高风险、高收益的活动,然而并不是每次大规模、高投入的研发都能得到回报。最近几年,制药投入越来越多,而随之带来的新的高效药并没有明显增加。美国食品药品监督管理局(U. S. Food and Drug Administration,FDA)历年审批数据显示(图 1-1),每年上市的药物数量与十多年前相差无几,同时作用机制全新的小分子药物仅有 5~7 种。

与此同时,统计显示,全球 12 家大型制药企业的研发投资回报率由 2010 年的 10.10%下降至 2019 年的 1.80%左右(图 1-2)。新药上市后的销售额也从 2018 年的 4.07 亿美元下降至 2019 年的 3.76 亿美元,还不到 2010 年 8.16 亿美元的一半。药物研发成本的快速增长是由多个因素导致的,主要包括临床前研究的时间增加,临床试验的失败率升高,药物研发开始转向花费更多时间、财力的慢性病和衰退病的研究等。

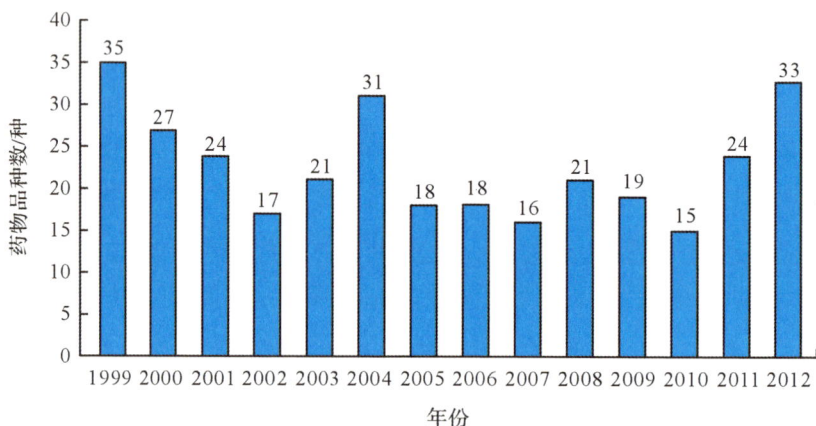

图 1-1　FDA 各年份批准药物品种数

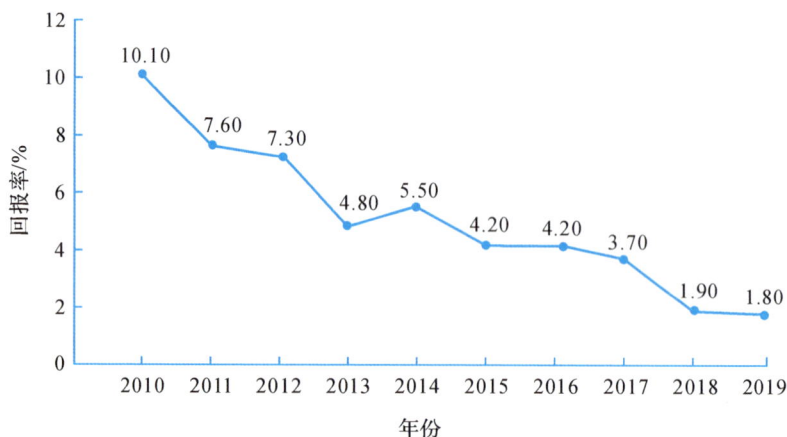

图 1-2　各年份研发投资回报率

　　同时,药品价格偏高一直是民生讨论的一个热点,患者希望自己每一项治疗所需的药物都是最好、最便宜的。但是,由于药物研发行业的特殊性,平均每个药物的研发周期长达 13.5 年。而新药专利保护时间仅为 20 年,一旦新药研发期有所延长,其上市享有的专利销售期也会随之缩短。而化学药物在专利保护期后,就将面临来自所谓"专利悬崖"的仿制药物的竞争挑战。制药企业若要保回成本,只能提高药品价格。

为了解决以上种种矛盾，越来越多的团队开始运用药物大数据，通过数学建模、机器学习等人工智能（artificial intelligence，AI）技术，在算法和算力的支撑下，以计算机技术为驱动来进行药物设计。以抗高血压药物为例，传统药物设计得到的硝苯地平，自1964年实验室合成第一种相关化合物起，直至1982年才在美国批准上市，其间历经18年时间；同一时期，以计算机辅助药物设计得到的卡托普利，自1977年开始全面研究至1981年上市，仅历时4年，而在此基础上开发的更高效的新一代药物赖诺普利也仅花费7年时间，这些都得益于三维蛋白结构设计技术的应用。这一技术手段极大地推进了该类药物的研发进程，取得了显著的经济效益。

通过将智能计算应用于整个药物研发过程，我们可以更快地设计药物分子、发现新的药物靶点，同时还能对药物的毒性和稳定性、人体的吸收情况等进行更准确的预测，及早淘汰不适宜的化合物，极大地提高了药物设计的成功率，缩短了整个制药周期，使药物设计从基于偶然性转变为定向化、合理化分析。

1.3　计算制药的流程

现代药物研发主要分为三个阶段，分别是从靶点到先导化合物、从先导化合物到候选药物，以及从候选药物到新药上市。药物研发流程如图1-3所示，前两个阶段旨在建立新药靶点与疾病之间的联系，以快速筛选

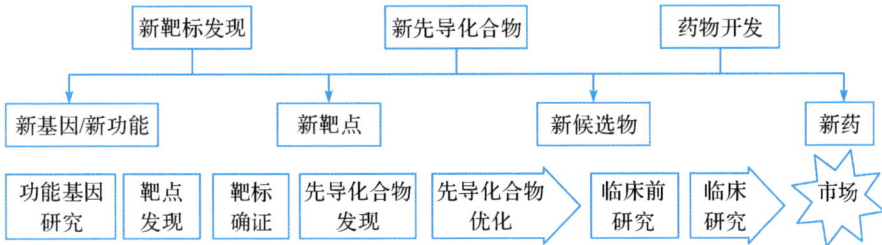

图1-3　药物研发流程[3]

具有药效作用且能够与药物相互作用的生物大分子;第三阶段的目的是确保新药具有安全性、稳定性和有效性。药物研发的工作重点主要在前两个阶段,在全球44家顶尖药物企业与人工智能企业的66次合作中,超过2/3的行动集中在靶点及生物标志物的选择和确定、先导化合物的确定、构效关系的研究与活性化合物的筛选、候选药物的选定等方面。

参考文献

[1] 李彦昌,张大庆.西方制药之术与药物认知之途[J].医学与哲学:人文社会医学版,2016,37(2):79-82.
[2] 中国医学科学院.中国医学科技发展报告2011[M].北京:科学出版社,2011.
[3] 白仁仁.药物研发基本原理[M].北京:科学出版社,2019.

2 现状篇

本篇将对当前药物研发过程中涉及的关键科学问题及计算技术进行详细阐述,包括靶点的发现方法、靶点结构已知时的基于靶点的药物设计、靶点结构未知时的基于配体的药物设计,以及药物与靶点的相互作用等。

2.1 从靶点到先导化合物

药物靶点是指药物与机体目标生物大分子的作用结合位点。常见的靶点类型包括基因位点、酶、受体、核酸、离子通道等。药物进入人体后,会与药物靶点发生特异性结合并相互作用,以极少的量引起生物机体产生强大的生物效应,从而达到治疗疾病的目的。

寻找有效、合适的药物靶点是新药研发的首要任务,也是当前国际制药研究的竞争核心之一。一个新靶点的发现,往往能带来一系列性质优良的创新型药物。例如,在 2020 年美国、欧盟和日本批准的 61 种新药中,有 13 种新药是基于全新作用机制的药物靶点设计的,而且这 13 种药物中有 7 种用于治疗罕见疾病,如部分遗传疾病、癌症等,足以说明新靶点的发现对发展创新药物具有重要意义[1]。

2.1.1 新靶点发现方法

传统的"一病一靶一药"的理念被称为"magic bullet",它是针对单一靶点,选择高亲和力、高效性药物的一种策略。尽管该策略在药物设计之初取得了巨大的成功,但由于药物作用的复杂性,故其仍存在诸多不足。在大多数情况下,疾病并不只与单一的基因有关,而是由多基因、多靶点、多机制相互作用导致的。仅仅考虑单靶点药物往往会出现临床疗效低于预期的情况。但是不论哪种情况,首要任务就是找到这些药物靶点。而目前人类基因组大约有 2.5 万个基因,每个基因都可能是潜在的药物靶点[2]。有效识别靶点的方法包括从有效单体化合物着手发现药物靶点、通过基因表达性发现药物靶点、通过相似性度量发现药物靶点和通过蛋白质相互作用发现药物靶点。

从有效单体化合物着手发现药物靶点是指对于某些疾病,我们并不知道其产生的原理,但确实有些单体化合物(天然产物或现有药物)能在一定程度上治疗该疾病。在这种疗效确定的情况下,可以通过对该单体化合物与不同蛋白质的相互作用进行研究,来发现那些与单体化合物有特定结合作用的药物靶标分子[3]。

通过基因表达性发现药物靶点的基本原理是:任何疾病的产生必然涉及相关细胞和组织中基因表达的变化,如果细胞的基因表达不发生改变,那么细胞结构和功能在长时间内是不会发生变化的。因此,通过观察细胞在正常情况和疾病状态下基因表达型的变化,就可以找到那些调控疾病的基因,也就是那些潜在药物靶点的基因。

通过相似性度量发现药物靶点是指通过结合多种生物大分子间或化合物间的相似性来预测潜在的药物靶标。相似性度量通常可以通过定义新药物与已知药物对的相似程度(或"接近")的距离函数来获得。有几种方法可以通过最近邻算法的距离函数来定义"接近度",如欧几里得距离。除此之外,还可以基于药物的药理相似性和蛋白质序列的基因组相似性以及现有药物和蛋白质靶点的大部分网络的拓扑特性来定义距离函数。

通过蛋白质相互作用发现药物靶点的原理是：大多数基因和蛋白质通过相互作用来实现一系列表型功能，蛋白质相互作用的错误或短缺会造成多种疾病，如病毒性传染病、自身免疫性疾病和癌症。通过观察疾病蛋白与其他蛋白的相互作用，我们可以发现新的药物靶标。蛋白质在药物研发中有着重要作用，我们将对其进行重点描述。

2.1.2　蛋白质概述

蛋白质是生命的基石，是组成人体一切细胞、组织的重要成分。它能表现出比 DNA 或 RNA 更复杂的序列和化学性质，在寻找、确定和制备药物筛选中扮演了重要角色。

天然蛋白质主要由 20 种不同的氨基酸组成，这 20 种天然的氨基酸均属于 L‐α‐氨基酸。它们在生物体内发挥着广泛的功能，细胞发育、分化、复制与存活所需的各种催化、调节和信号作用都是由蛋白质控制的。氨基酸的线性序列构成了蛋白质，氨基酸与氨基酸之间可以通过缩合形成肽链，肽链的空间位阻会使它本身呈现一定的空间结构，不同的空间结构使得蛋白质呈现出不同的性质。现阶段对蛋白质的研究主要从两方面进行：一是蛋白质结构预测，二是蛋白质功能预测。

2.1.2.1　蛋白质结构预测

由于蛋白质在发挥其生物学功能时需要正确叠合为一定的空间构型，因此单个蛋白质所表现出的多种功能不仅取决于其线性序列表达方式，也与蛋白质的结构有关。了解蛋白质的空间结构不仅有利于深入研究不同蛋白质的功能，也有利于认识蛋白质是如何执行其功能的。在药物设计、蛋白质工程、蛋白质的相互作用、蛋白质家族之间的进化关系等研究上，蛋白质空间结构信息都起着关键性作用。

蛋白质的空间结构是实现其生物学功能的基础。通常情况下，蛋白质分为四级结构。

蛋白质的一级结构是指多肽链中氨基酸的排列顺序，主要的化学键为肽键。而氨基酸的排列顺序是由遗传信息决定的。一级结构本身不是空间结构,但它决定着蛋白质空间结构[4]。蛋白质多肽间以二硫键为代表的共价相互作用和以范德华力、静电相互作用等为代表的非共价相互作用交联多肽键折叠盘曲成一定的形状,构成了蛋白质各级结构(图 2-1),其中除一级之外的二级、三级、四级结构又被称为蛋白质的空间结构。

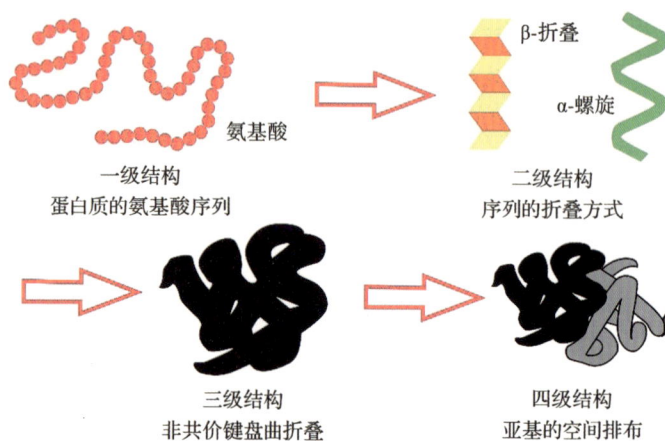

图 2-1　蛋白质各级结构[2]示意图

蛋白质的二级结构是指多肽链中主链原子在各局部空间的排列分情况,主要的化学键为氢键。蛋白质二级结构的基本形式主要有 α-螺旋、β-折叠、β-转角和不规则卷曲等[5]。

蛋白质的三级结构是由蛋白质在二级结构的基础上,按一定方式以非共价键再盘曲折叠形成的,在空间结构上排列更紧密[6]。其主要的化学键为疏水作用力、离子键、氢键、范德华力等。

蛋白质的四级结构是指蛋白质分子中各亚基的空间排布,其主要化学键为氢键、疏水键和离子键。在三级结构的基础上,一些蛋白质单位(亚基)可以通过非共价键聚集为复杂的四级结构,构成巨大的蛋白质分子。有些蛋白质可有数个至数千个亚基,但并非所有蛋白质分子都具有四级结构[2]。

空间结构的改变会引起生物活性的改变。蛋白质在人体中除构成细胞外,还构成各种酶蛋白、抗体蛋白、脂蛋白、离子通道等,并用来维持细胞的活动。一些外源性病原体如细菌、病毒复制的蛋白质以及机体本身过度产生或无控制增生某些蛋白质,均可引起疾病。如果能以这些引起疾病的蛋白为药物作用的靶点,阻断其生物合成过程,就能达到治疗疾病的目的[7]。

人类基因组计划测序项目以非常快的速度产生蛋白质序列,但完整的测序结构和基因组图谱绘制还需要时间。相较于氨基酸序列的测定速度,蛋白质结构的测定速度非常慢,这导致已解结构的蛋白质数量要远少于已知蛋白质序列的数量。蛋白质结构预测旨在缩小这一差距。但蛋白质结构预测并不像听起来那么容易,其原因主要有以下几个:①蛋白质可以通过多种方式折叠达到天然状态。②蛋白质结构稳定性的物理基础尚未完全理解。③一级层序可能无法完全指定三级结构。虽然蛋白质结构预测存在一定的困难,但现在仍然有许多用于预测结构的方法和算法。蛋白质结构预测的流程如图 2-2 所示。

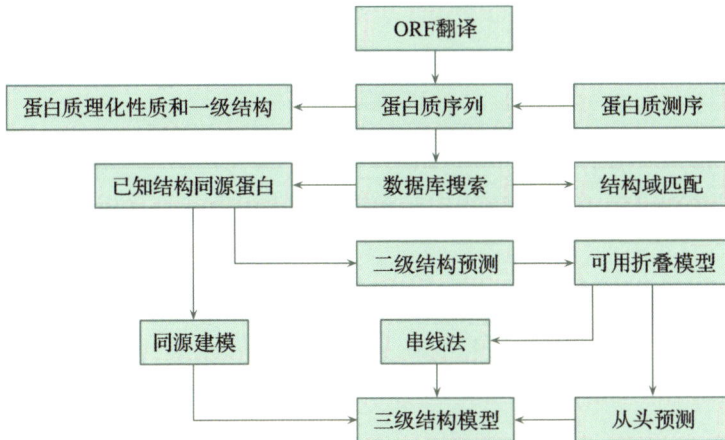

图 2-2 蛋白质结构预测流程

注:ORF,指可读框(open reading frame)。

* 蛋白质二级结构预测

蛋白质二级结构预测(secondary structure prediction,SSP)是指对每个氨基酸残基的二级结构状态进行预测。现有的根据氨基酸序列预测蛋白质二级结构的方法大致分为三代。

第一代 SSP 方法是根据单一序列来预测二级结构的。20 世纪 70 年代,Chou 和 Fasman 就提出了一种基于单个氨基酸残基统计的经验参数来进行二级结构预测的方法(Chou-Fasman 方法[8])。由于每种氨基酸残基出现在各种二级结构中的倾向或者频率是不同的,因此通过统计每个蛋白质分子中的氨基酸残基出现的频率,可以为每个氨基酸残基确定其二级结构倾向性因子。得到氨基酸残基倾向性因子后,Chou 和 Fasman 就在序列中寻找二级结构的成核位点和终止位点来构建蛋白质的二级结构[9]。整个过程可以分为以下步骤[10]:①对待预测的氨基酸序列进行扫描。②根据特定规则发现潜在的特定二级结构成核区域的短序列片段。③按照结构经验,对得到的成核区域进行扩展,直到二级结构类型可能发生变化为止,最后得到的就是一段具有特定二级结构的连续区域。1978年,Garnier-Osguthorpe-Robson(GOR)[11]方法对 Chou-Fasman 方法进行了改进。GOR 方法不仅考虑了残留物在结构特定元素中的相对出现率,还考虑了数据的准确性。该方法首先基于查询分析已知结构的蛋白质。然后它考虑了一个残基对另一个残基的二级结构的影响,这使得残基及其邻域具有特定二级结构的可能性。最终 GOR 预测的成功率为65%。GOR 方法尽管表达式略显复杂,但是其物理意义明确,数学表达严格,而且相应的计算机程序简单易写[12],因此是当时二级结构预测的常用手段。

第二代 SSP 方法依赖于序列结构关系,它基于统计信息、理化性质、序列模式、多层神经网络、图论、多元统计算法建模[13]。Qian 和 Sejnowksi[14]基于神经网络的算法预测了 15 种测试蛋白质的 α-螺旋和β-折叠。相较于第一代方法 50%～60% 的准确率,第二代方法的准确率提高至近 70%。但是,由于即使在相同蛋白质的晶体之间,二级结构也可能不同,这些方法仍然存在一些缺点。

第三代 SSP 方法则考虑多条序列的同源化信息。该方法克服了上述两代方法的缺点,在准确性方面明显优于上述两代方法,其准确率达到了

76％。1993 年,Rost 和 Sander 完成了由几个级联神经网络组成的二级结构预测程序。该神经网络是由已知结构的对齐同源序列来进行训练的。它除了可以预测蛋白质的二级结构外,同样也可用于折叠方式识别、跨膜螺旋区蛋白的拓扑及预测精确性评估。三代 SSP 方法的对比如表 2-1 所示。

表 2-1　基于氨基酸序列的蛋白质二级结构预测

方法	预测依据	优点	缺点	代表方法
第一代 SSP	单一序列	物理意义明确,数学表达严格,程序编写方便	表达式复杂	GOR
第二代 SSP	序列结构关系	准确率比第一代方法高	相同蛋白质的晶体之间二级结构也不同	多种方法建模
第三代 SSP	多条序列的同源化信息	准确性优于上述两代方法	准确率仍然有待提高	多个级联神经网络

＊蛋白质三级结构预测

蛋白质三级结构预测大致可以分为以下三种:①同源建模。②折叠识别或穿线。③从头预测。这些方法都涉及在数据库中搜索目标蛋白质的同源物。如果模板与目标之间的序列相似性≥25％,那么进行比较或同源建模。如果序列相似性<25％,那么通过折叠识别或穿线进行预测[7]。如果在数据库中没有找到合适的同系物,那么通过从头预测三维结构。模板选择对对齐精度和最终的模型精度有很大影响。如果模板与目标之间存在 90％或更高的序列相似性,那么最终模型的误差除一些侧链误差外,还可以达到同 X 射线结晶法一样低的水平。

同源建模的主要思想为以相似已知结构蛋白质为模板对未知结构蛋白质建立模型。不同的同源建模法区别在于对序列信息的描述方法不同[15]。在整个同源建模法的发展过程中,人们一直在对序列信息的描述方法进行优化。常见的序列信息描述工具包括 BLAST、PSI-BLAST、FFAS、SAM-T99 以及 Hhpred。BLAST[16]只是简单地使用了氨基酸序列信息;PSI-BLAST[17]与 FFAS[18]进一步刻画了位置特异的序列信息;

· 13 ·

SAM-T99 采用序列型隐马尔科夫模型来描述模板蛋白质的序列信息并允许设置位置特异的空位罚分;HHpred[19] 则同时对目标蛋白质序列和模板蛋白质序列建立序列型隐马尔科夫模型。由于考虑了相邻位置的关联性信息,HHpred 模型在目标蛋白质序列和模板序列的联配中表现出更优的性能,从而构建出更高质量的结构。不过要明确的是,同源建模法考虑的序列特征都是描述残基的局部特征,不考虑序列原创的残基之间的关联,从而使序列联配可以高效地计算[15]。尽管同源建模法的计算速度很快,但其预测精度非常依赖于目标蛋白质和模板之间的序列一致性。一般来说,序列一致性越差,准确率越低,以此建立的模型精度就越差。

然而,很多蛋白质在结构已知的数据库中难以找到序列相似性≥25%的同源蛋白质,但有许多序列相似性<25%的蛋白质存在相同的框架结构(即折叠子)[9]。以结构已知的蛋白质的折叠子为模板,寻找给定氨基酸序列可能采取的折叠类型,即所谓的折叠识别。1991 年,Bowie 等[20] 提出了一维-三维剖面法,奠定了利用折叠识别来预测蛋白质结构的基础。一维-三维剖面法利用每一个残基在蛋白质结构中所处的环境来描述蛋白质的折叠类型。该方法根据侧链的埋藏程度、侧链被极性分子和水分子覆盖的程度以及局部二级结构,将蛋白质结构环境分为 18 类,然后统计出 20 种氨基酸在这 18 类环境中出现的概率,得到一个表示不同氨基酸对各种环境偏好程度的评估矩阵(3D-1D 积分表)。对于结构已知的蛋白质 X,每一个氨基酸残基都可分配一类环境,从而将三维结构转化为一维序列。然后在蛋白质序列数据库中搜索与蛋白质 X 相匹配的蛋白质序列[9]。由于具备此定义的特定残基环境比残基序列本身保守性更强,因而该方法可比常规的序列比对探测出较远的序列结构关系。

当数据库中没有找到合适的同系物时,需要进行从头预测。从头预测方法不依赖于任何蛋白质结构,而是直接从氨基酸序列预测蛋白质三级结构。它基于 Anfinsen 的假设,即蛋白质的自然状态代表了自由能最小值。从头预测法需要一种有效的探索构象空间以找到能量极小值的搜索方法来找到这些蛋白质结构的全局极小值。而一个精确的用于计算给定结构的自由能的势函数有助于简化用于减少搜索空间的计算模型。目前主要有两种类型的评分函数,即基于知识的评分函数和基于力场的评分函数。遗憾的是,这两种评分函数都不算可靠。

2.1.2.2 蛋白质功能预测

高通量测序技术的迅猛发展带来了呈指数增长的蛋白质序列数据,但大多数蛋白质的功能尚未确定。实验和计算方法是蛋白质功能确定的两大途径[21]。前者通过生物学实验来确认蛋白质功能,但其速度远低于生成蛋白质序列数据的速度。后者是从蛋白质序列结构和其他信息中预测蛋白质功能,蛋白质功能的确定速度较快。后者的迅猛发展得益于计算机技术、机器学习、高性能芯片等的高速发展,以及相较于之前有大幅提高的算力水平[22]。

因此,以计算为驱动的蛋白质功能预测已经成为该领域的重要手段,如基于序列同源性的方法、基于结构的方法和基于机器学习的方法等[23]。

* 基于序列同源性的方法

大量研究表明,同源性和序列相似性之间存在着一定的联系。一般来说,序列之间的相似性越高,其同源性的概率也越高。而同源性越高,就越可能存在相似功能。基于上述假设,我们可以通过识别同源蛋白质来对蛋白质的功能进行预测。这类方法被称为基于序列同源性的方法。

从定义中我们不难看出,基于序列同源性推断蛋白质功能的方法的重点在于如何识别同源蛋白质[24]。给定目标蛋白,首先是将目标蛋白和功能已知的蛋白进行序列比较,然后通过序列相似性的高低来对蛋白质的同源性进行判断。当我们找到具有同源性的蛋白后,就使用该同源性蛋白的功能来注释目标蛋白的功能。

遗憾的是,同源性和蛋白质功能之间并没有绝对的相关性,相同序列只能表明两者来自于同一个祖先而不能确定其功能相似。只有当序列的相似度超过 60% 时,其结果才有一定的可信度。因此,基于序列同源性推断蛋白质功能的方法并不完全准确、有效,存在一定的问题和局限性[22]。

✳ 基于结构的方法

因为蛋白质的功能由其结构决定,所以具有相同功能的蛋白质,其结构也具有一定的相似性。当基于序列的方法不适用时,我们就可以根据结构来预测蛋白质功能。基于结构的蛋白质功能预测可分为全局折叠相似性比较和局部结构定义(活性位点特征描述)两种方式。

相较于氨基酸序列,空间结构在进化上拥有更强的保守性。因此,利用蛋白质全局折叠相似性进行预测能在一定程度上避免基于序列相似性的预测方法存在的问题。然而,与基于序列同源性推断蛋白质功能的方法类似,全局折叠相似性和功能相似性也不存在必然的联系。有些蛋白质之间全局折叠相似性很高,却有着截然不同的功能,如铁氧还蛋白折叠。有些蛋白质之间拥有不同的全局折叠状态,却表现出非常相似的功能。因此,通过蛋白质全局折叠相似性来推断蛋白功能目前并不可靠。

对此,研究人员开始根据蛋白质局部折叠状态,也就是活性位点在结构上的相似性来推断蛋白质功能。蛋白质的活性位点是指其三维结构上的某一特定结合区域。例如,酶的结合位点就是酶蛋白结构上的一些可供底物嵌入的凹槽区域。底物通过各种相互作用力与活性位点周围的氨基酸残基相结合。这些活性位点决定了酶的功能。在进化的过程中,尽管酶蛋白序列和结构上的其他部位发生了很大的变化,但活性位点周围的残基却始终保持着高度的保守性。因此,与全局折叠相比,通过蛋白质的局部折叠状态来预测蛋白质功能具有广泛的适用性[22]。

虽然基于蛋白质结构进行功能预测的方法的准确性较高,但是这些方法都没有解决具有相似结构的蛋白其功能不一定相似的问题[25]。此外,由于蛋白质结构解析方面的研究仍处于发展阶段,有效样本数据量不足,所以已知结构和功能的蛋白数量还无法支撑高精度预测模型的建立。只有当越来越多的蛋白质结构被解析出来后,我们才能使这类方法变得更加可靠。

✳ 基于机器学习的方法

上述两种蛋白质功能预测方法都依赖于结构相似性或者序列相似

性。但对于某些蛋白质而言，在已知结构和功能的蛋白质中找不到与其结构或者序列相似的蛋白质。对于该情况，我们可以通过基于机器学习的方法来进行蛋白质功能预测。它能直接从蛋白质序列和结构信息中进行功能推断。功能上相似的蛋白大多具有相似的物理化学性质、组成结构、配体小分子等特征，机器学习能够基于这些特征训练得到特征功能之间的某些关系并进行未知蛋白的预测。同样地，基于机器学习的方法也需要大量已知功能的蛋白质作为训练集，通过学习蛋白质特征与功能之间的特定模式关系来建立模型，再运用模型对新蛋白的功能做出预测[22]。

基于机器学习预测蛋白质功能的步骤通常包括：①特征提取——获得蛋白质的信息，如组成结构、物理化学性质、进化路线等。②特征选择——对提取的特征向量进行筛选，保留重要的、对于结构预测有意义的有效特征信息。③构建基于机器学习和深度学习的预测模型——通过大量的样本数据进行训练得到模型并用于预测。④模型评估——通过交叉验证或者独立测试检验评估模型优劣[26]（图 2-3）。2002 年，丹麦科技大学生物序列分析中心 Jensen 等[27]提取出了 14 种蛋白质特征，他们通过这些特征构建了神经网络来预测蛋白质功能。2003 年，新加坡大学 Cai等[28]根据蛋白质的分布特征，使用支持向量机（support vector machine，SVM）对蛋白质功能进行预测。此后，出现了各种各样的机器学习方法

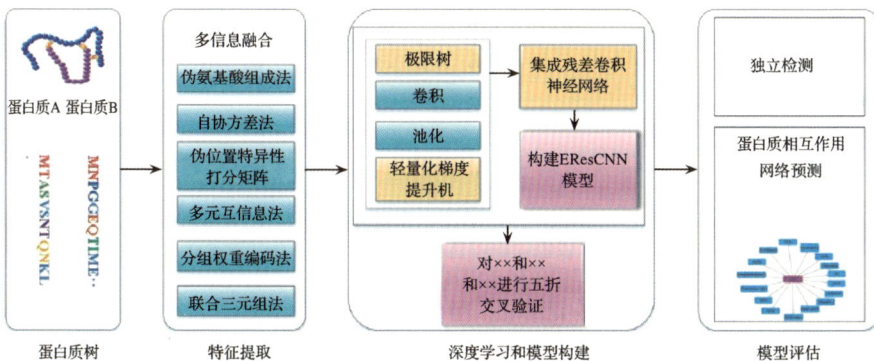

图 2-3　机器学习预测蛋白质功能的步骤[26]示意图

注：EResCNN 指集成残差卷积神经网络（ensemble residual convolution neural network）。

来预测蛋白质功能,如随机森林、朴素贝叶斯、卷积神经网络等,都获得了不错的效果[24]。

2.1.3　基于靶点的药物设计

基于靶点的药物设计是指在已知靶点结构的情况下,根据靶点三维结构信息来有目的性地寻找与靶点空腔结构互补同时各方面理化性质都相匹配的分子的直接药物设计方法。由于蛋白组学的迅猛发展,人们发现了大量与疾病相关的基因,这使得药物靶点的数量急剧增加[29],根据靶点信息能够减少药物设计中的盲目性[30]。目前,基于靶点的药物设计主要分为三大类(图 2-4):①根据靶点活性位点构建配体的方法,即全新药物设计法。②以靶点结构来搜寻配体的方法,即分子对接法。③根据靶点活性位置来构建配体片段的方法,即基于片段的药物设计法。

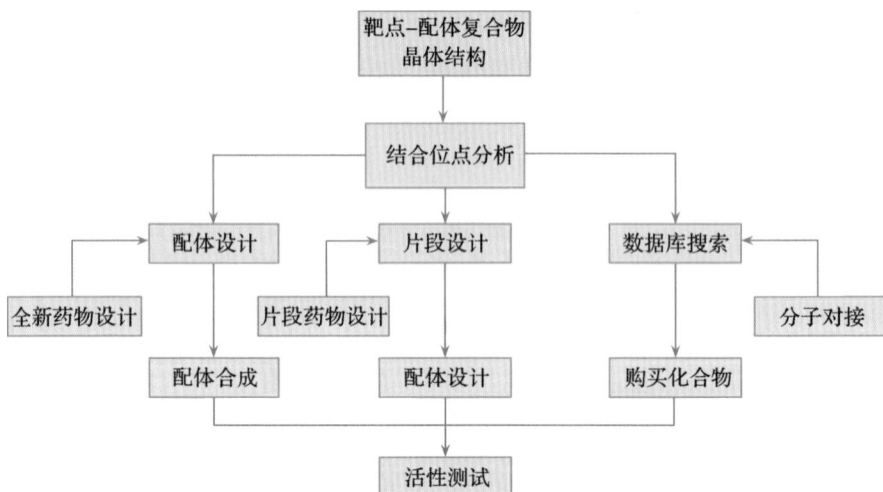

图 2-4　基于靶点的药物设计

2.1.3.1　全新药物设计

全新药物设计的出发点是受体活性位点与配体之间的互补性。但是,已知的靶点结构并不能直接呈现配体与靶点作用的结合位点。这时就要运用靶点蛋白与小分子配体的互补结合原理,从结构出发确定结合位点。常用的一种方法是活性位点分析法。活性位点分析是针对药物靶点活性位点的形状和化学特征，用一些简单的分子或片段作为探针，探测这些分子或片段在活性位点中可能的结合位置。然后绘制活性位点的形状及性质图像，用于分析配体分子中的原子或基团与受体作用的活性位点。活性位点分析法能得到与配体相关的靶点结合的信息，这对后续全新药物设计和分子对接的相关研究提供了很大的帮助。

全新药物设计根据受体受点的形状和性质要求，直接借助计算机自动构造出形状和性质互补的新的配体分子三维结构[31]。它在受体的活性位点上添加基本构建块，然后通过数据库的搜寻和计算，再在构建块上安置合适的原子或原子团，得到与受体的性质和形状互补的真正的分子[32]。根据构建块的不同，全新药物设计方法可分为模板定位法、原子生长法和碎片法。

＊模板定位法

模板定位法是指在靶点活性部位用模板构建出一个形状互补的图形骨架，根据静电、疏水和氢键性质，把图形骨架转化为一个个具体分子[30]。模板定位法中，第一步是建立一个三维图形模板库，其中顶点表示原子（或杂化分子），边表示键。模板可以分成两类：环状模板和非环状模板。其中，非环状模板既能够和环状模板相连，也能够和非环状模板相连。当模板相连时，两模板之间会形成一个新键，同时模板会围绕新键产生构象。两个环状模板相连时则会形成螺环、稠环、桥环或在两者之间生成一个新键。在模板定位法的骨架生成过程中，首先要选择一个形状合适的模板，然后将选出来的模板的顶点放在靶点的中心。之后，模板会通过围绕顶点旋转来选择最佳的摆放位置。然后再加入新的模板来构建骨架，骨架向剩余靶点方向生长。当所有条件都满足时，我们就得到了一个模板骨架。随后，我们会将模板骨架转化为合适的分子。再遵循二级设计的要求将顶点和边替换为适当的原子和键以产生静电、氢键和疏水作用后，依据结合能完成打分分析并进行高分段结构筛选，进入下一步研究[6]。

* 原子生长法

原子生长法是指在受体活性部位,根据其静电、疏水和氢键性质,逐个添加原子,生长出与受体活性部位形状、性质互补的分子[33]。原子生长法大体上分为以下两种:①从种子原子开始生长原子。该种子原子主要采用靶点活性部位易形成氢键的原子,如氧、氮等。②从起始结构开始生长原子。该起始结构可以是已知的底物或底物的一部分,预先对接在靶点活性部位上。

原子生长方式也有两种类型,一种是随机生长,另一种是系统生长。系统生长能分化出所有可能的结构,但由于生长得到的结构过多而不利于后续处理,所以一般不采用[34]。随机生长能够对结构和构象进行取样,从而提高生长效率。同样地,原子生长法也需要一个原子库。该原子库含有原子生长所需要的各种原子类型,以元素原子不同组合态或杂化态来表示,如芳香碳,烃基氧,单键、双键等键型等[9]。同时,原子生长法需要从整个蛋白质原子范围来计算其范德华力、静电势、氢键作用和疏水势能。生长时会依据由各势能估计得到的相互作用能大小来判断原子的合适生长位置。

分子结构生长的起点可由设计者自己选择。对于每次产生的原子,都要从已产生的结构中随机确定一个根原子,再根据势能值确定新原子的类型、键型和取向,接着用分子力学计算分子内和分子间的相互作用能。如果新原子与靶点原子或已产生的原子靠得太近,那么程序将重新指定根原子。若我们重复了很多次后还是失败,则程序将停止尝试而返回上一步,即移去已产生的最后一个原子,重新产生该原子。当产生的结构达到设计者指定的原子数目或者结构生长达到死角时,程序将终止原子生长过程。然后补上可能缺失的碳原子以生成芳香环并将所有非氢原子的空余价键补上氢原子后重复进行分子力学方法优化,直到产生指定数目的分子结构为止。最后在能量或其他结构标准的基础上,筛选出少量的结构,以进行下一步的研究[33]。

* 碎片法

碎片是指分子构建过程中所用的基本构建块,每个碎片由单一官能团构成。分子碎片法又可以细分为碎片连接法和分子生长法。碎片连接法最根本的要素是碎片库和连接子库。它首先根据输入的三维结构确定活性部位。然后在活性位点区域产生网格,再用探针原子分析其分子表面性质,并据此在活性位点区域划分不同的子区域[9]。根据其形状、性质要求寻找碎片库中合适的碎片对接,同时计算相互作用能。在利用分子力学进行结构优化后,根据相互作用能大小筛选出少量的结构,以进行下一步的研究。而分子生长法则是从起始碎片开始,按照与原子生长法类似的方法,以碎片为单位,逐渐生长出一个与靶点匹配的完整分子[34]。选用能量合适的分子作为核心,依次用候选碎片取代核心的每一个氢原子。取代时可围绕新产生的键旋转得到合适的构象,并利用一些固有规则避免不合理的取代。对打分较高的候选物在得到优化后重复进行碎片增加。当候选物数目达到要求之后进行分子力学优化,筛选出少量的结构,以进行下一步的研究。

以上两种设计方法都有各自的优缺点。碎片连接法中,每一次连接都有关键作用,且对总的结合能有显著的贡献。其优点是充分利用各活性位点区域的结构信息,同时可选用环状骨架作连接子,以增大所生成结构的刚性。但是,任何连接子骨架不管其他方面多好,都可能因其中某个原子与受体发生碰撞而被否定[9]。分子生长法中,每个新加入的碎片都应与受体有良好的相互作用,但这样从一个活性位点向另一个活性位点生长时,就有可能忽略其中某个活性位点。

2.1.3.2 基于分子对接的药物设计

分子对接技术是一种通过构建并优化蛋白质与小分子化合物的三维结构,将小分子匹配到蛋白质的结合位点上,并评估其结合力强弱的生物分析技术[35]。根据配体与靶点作用的精确匹配特点,分子对接可以有效地确定与靶点互补匹配的小分子化合物[36]。这种解释受体配体相互作用的学说称为"锁钥原理"(图 2-5)。

根据对接过程中是否考虑研究体系的构象变化,可将分子对接方法分为以下三类:①刚性对接,指在对接过程中不发生任何变化就能够把大

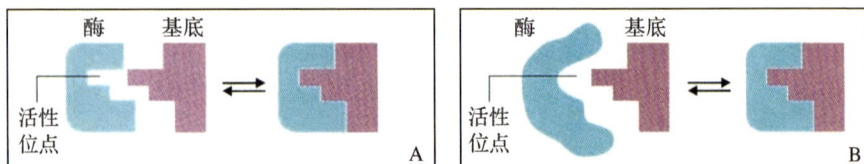

图 2-5　锁钥原理[37]示意图

部分没有活性的小分子以极快的速度过滤掉,例如 Dock。②半柔性对接,指在对接过程中配体构象能够小幅度变化。绝大多数分子对接使用半柔性算法,如 AutoDock3.05、Discovery Studio 中的 CDOCKER、FlexX、GOLD4.0,Glide。③柔性对接,指在对接过程中构象可以自由变化。如 GOLD5.0 及以上版本和 AutoDock4.0 及以上版本[38]。表 2-2 所示为分子对接技术常用软件。

表 2-2　分子对接常用软件

软件名称	是否开源	软件特征	软件优势
AutoDock	开源	1. AutoGrid 和 AutoDock 两个程序; 2. 新版本后默认使用拉马克遗传算法	1. 高水平的评估函数; 2. 拉马克遗传算法
SYBYL	开源	1. 用原型分子表示蛋白空腔; 2. 蛋白表面覆盖三种探针; 3. 采用经验打分函数	1. 对接准确性高,对接速度快; 2. 支持限制性对接,易于操作
Molegro Virtual Docker	开源	1. 具有高级视图和分析工具; 2. 具有支持可替换水分子的模拟等高级功能	1. 简单方便运用的界面; 2. 高准确性的对接结果
Discover Studio	非开源	1. 具有受体柔性对接的模块,用于实现受体-配体双柔性对接; 2. 具有可以显示模拟结果的三维图形功能	可以精细研究受体-配体相互作用
Schrodinger	开源	1. Glide 模块是受体、配体的精确对接工具; 2. Maestro 超强的图像显示功能	对接准确

　　此外,根据对接时配体分子的形式还可以将分子对接方法分为两种基本类型,即整体分子对接法和片段对接法。整体分子对接法是运用特定搜索算法考察配体分子在靶点结合部位,根据评分函数找出最优结合方式。片段对接法是将配体分子视为若干片段结构的集合,先将其中一个或几个基本片段放入结合空腔,然后在活性部位构建分子的其余部分,最终得到理论上最优的结合方式[39]。

2.1.3.3　基于片段的药物设计

　　基于片段的药物设计(fragment-based drug design,FBDD)是一种将随机筛选和基于结构的药物设计有机结合的药物发现新方法。该方法首先把亲和力、疏水性、分子量等性质较低的片段挑选出来,然后根据药靶结构信息对这些片段进行优化或连接,最终得到亲和力高且药学性质优异的新分子[40]。

　　传统高通量筛选方法的目的性不强、效率低下,很难高效地筛选得到理想的化合物。为克服这些问题,1981年Jencks首次提出了基于片段的药物设计理念。随后,雅培制药公司在1996年发表了第一个基于片段的药物设计成功案例。至此,基于片段的药物设计才得到快速的发展[41]。基于片段分子的设计研究可以分成三个阶段:片段库的建立、活性片段筛选、从活性片段到先导化合物[42]。首先,采用灵敏的检测技术筛选片段库,发现能与药靶结合的片段。其次,确定片段与药靶结合的结构信息,考察片段与药靶的结合区域、片段与药靶相互作用的机制等。最后,根据片段与药靶结合的结构信息来指导片段进行优化和衍生,或者将作用于药靶活性位点不同口袋的片段连接起来,构建得到新分子。设计得到新分子后,通过化学合成得到实体化合物,并进行生物活性的评价、构效关系的探讨来发现高活性的新化学实体[43]。

2.1.4　基于配体的药物设计

　　基于配体的药物设计是指在药物靶点未知的情况下,通过研究与靶点具有特异性结合的配体的结构性信息,发现先导化合物的间接药物设计方法[6]。其设计流程如图 2-6 所示。

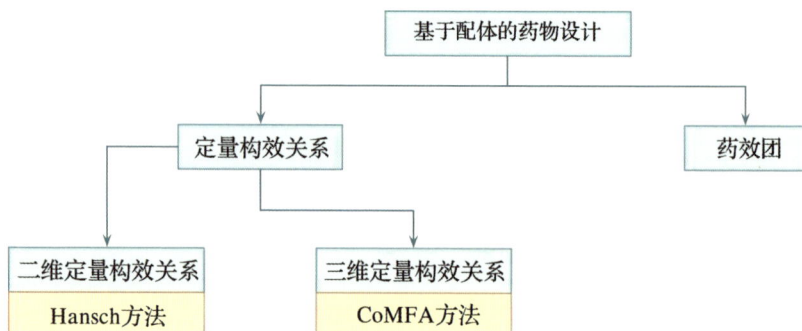

图 2-6　基于配体的药物设计流程

　　由图 2-6 可知,目前基于配体的药物设计主要分为两条路线:一是通过药效团进行药物设计,二是通过定量构效关系进行药物设计。

2.1.4.1　药效团

　　药效团是特征化的三维结构要素的组合,由药效元素和几何约束构成。药效元素往往是通过实验找出的对活性有贡献的共同原子或功能基。这些原子或功能基通过氢键、范德华力与受体的键合点发生作用。药效元素有电荷中心、疏水中心、氢键受体、氢键给体、芳香中心等。几何约束主要针对特征元素之间的距离、角度、二面角指标进行定义,其中角度限制是最为常见的约束形式。

　　药效团的构建根据受体结构是否已知分为两种方法:①当受体结构已知时,应分析受体的作用位点以及药物分子和受体之间的相互作用模式。根据预测的复合物结构或相互作用信息来推知可能的药效团结构。②当受体结构未知或作用机制不明确时,一般会先对活性小分子进行结构-活性研究,然后再运用构象分析、分子叠合等方法,得到一个基于这些配体分子的共同特征的药效团。该药效团可以反映这些化合物在三维结构上的一些共同的原子、基团或化学功能结构及其空间取向,而这些特征往往对配体结构起着至关重要的作用[44]。

　　药效团的制取步骤基本分为以下四步[45]。

第一步是选取一批合适的活性小分子进入训练集。训练集分子的选取有以下几个原则：①分子数目以 2～32 为宜。②分子骨架多样，能够代表不同系列同系物的结构特征。③尽量选取活性最强的、刚性大的分子化合物。这样选择的标准能尽可能地保证训练集中的分子质量，从而提高药效团的准确度。

第二步是得到一定能量范围内的构象。对于每一个化合物分子，最终产生的构象数目可能有 10～255 个，与分子本身的柔性有关。构象分析保留的构象数目必须适中，否则可能找不到分子的活性构象或对构象叠合造成一定的困难。

第三步是分子叠合。这一步骤将会产生药效团。在叠合时，小分子的公共药效元素往往作为分子间叠合的叠合点，分子叠合会产生多个药效团模型[46]。需要注意的是，用于建立药效团模型的分子需要和受体之间具有相似的作用机制，保证所有分子具有相似的药效模式。

第四步是药效团模型的评价和修正。由第三步得到的药效团模型往往不是最优的，我们还需要根据经验、计算结果等对药效团模型做进一步的修正。

药效团构建最终的目的是使用得到的药效团模型来指导实验化合物的改造，或者使用药效团模型来搜索化合物数据库，寻找骨架新颖的先导化合物分子[47]。

2.1.4.2　定量构效关系

定量构效关系（quantitative structure-activity relationship，QSAR）是一种借助分子的理化性质参数或结构参数，从定量角度运用数学模型优化药物的化学结构与特定生物活性强度之间关系的方法[48]。20 世纪 60 年代，Hansch 和藤田确立了定量构效关系方程，打开了定量构效关系的大门[6]。定量构效关系可以分为二维定量构效关系和三维定量构效关系。

＊二维 QSAR 模型

二维 QSAR 模型最经典的模型是 Hansch[49] 模型，它是一种二维定量构效关系,于 1964 年由 Hansch 和 Fyjita 等人提出。其基本假设是分子的生物活性主要是由其静电效应、立体效应和疏水效应决定的,并且这三种效应彼此可以相互独立相加。其公式如下:

$$\log \frac{1}{C} = a\log P + bE_s + \rho\sigma + d$$

式中,C 为化合物产生某种特定生物活性的浓度;$\log P$ 是疏水系数;E_s 是立体参数;σ 是电性参数;a、b、ρ、d 是方程系数。

该模型的提出是药物定量构效关系研究的开端,意味着现代制药学从盲目药物设计正式向合理药物设计过渡。它揭开了经典 QSAR 研究的篇章,称为 QSAR 发展历史中的里程碑。对二维定量构效关系的研究主要分为以下两方面内容:一是结构数据的改良;二是统计方法的优化。通过改良数据结构,可以使二维结构参数在一定程度上反映分子在三维空间内的伸展状况。通过使用新的统计方法(随机森林、神经网络),可以优化 QSAR 模型,提高其预测效果[50]。

＊三维 QSAR 模型

目前三维定量构效关系的研究方法中使用最多的是比较分子力场分析法(comparative molecular field analysis,CoMFA[51])和比较分子相似因子分析法(comparative molecular similarity indices analysis,CoMSIA[52])。

CoMFA 于 1988 年由 Cramer 等提出。该方法通过研究分子的生物活性定量与其周围的作用势场的关系来推断靶点的性质,然后以此建立模型来设计新的化合物并定量预测其活性强度。具体做法是:①确定化合物分子的生物活性构象。根据合理的匹配规则将具有相同结构母环的分子在空间中叠合,使其空间取向尽量一致。②获得分子场数据。通过探针粒子在分子周围的空间中游走,来计算探针粒子与分子之间的相互作用,并记录不同坐标下相互作用的能量值,从而获得分子场数据。③回归分析。把分子场数据当作自变量对分子生理活性数据进行回归分析。④将上述得到的结果以图形化的形式输出在分子表面,并指引先导化合物的改造方向。除了直观的图形化结果外,CoMFA 还能通过回归方程来定量描述分子场与活性的关系。

CoMSIA 是对 CoMFA 方法的改进，它采用 Gaussian 函数作为探针粒子与药物分子相互作用能量的计算公式，有效地克服了传统方法中可能出现的格点势能显著变化和原子位置异常情况的缺陷，从而获得更好的分子场参数。

2.1.5　药物与靶点的相互作用

识别药物与靶点之间的相互作用是药物发现和药物重新定位的一个重要领域。对于未批准的处于制药研发过程中的药物，其和靶标之间的相互作用对药物的安全性评价至关重要[53]。药物分子除了与治疗靶标结合以外，也可能与其他蛋白质发生相互作用，产生脱靶效应。当药物分子与非预期的分子靶标或与非预期器官中的分子靶标之间相互作用时，往往会产生一些毒副作用。因此，准确识别药物和靶标相互作用对整个制药流程都有极大的帮助。

目前，人们已经提出了许多方法来识别新的药物-靶标相互作用。除了最常用的基于配体和基于结构的方法外，还包括基于分子动力学模拟和基于化学基因组学的方法。

2.1.5.1　基于配体的方法

基于配体的方法指应用定量结构-活性关系来预测目标分子的生物活性。该方法认为分子活性与其结构直接相关，即具有相似结构的分子通常具有相似的生物活性[54]。我们可以通过激活一定数量的靶点，然后利用每个靶点已知的活性分子来建立预测模型，再利用构建的模型来预测药物和靶点之间的活性，以此来筛选药物。但是，当靶点的已知活性分子数量不足时，会导致构建的 QSAR 模型质量不高，而且大多数 QSAR 模型不具特异性或仅可以针对一个靶点的活性进行预测[55]。

2.1.5.2　基于结构的方法

基于结构的方法是一种基于靶标三维结构的药物设计方法，其中应用最广泛的是分子对接方法。在目标的三维结构可用时，分子对接方法的预测效果较好。分子对接模型[56]可以分为搜索策略和打分函数两个部分。搜索策略生成一定数量的配体和受体结合模式,打分函数用于对这些结合模式进行排序。由于严格的搜索策略将穷举配体和受体之间所有可能的结合模式,因此如何简化该算法一直是人们思考的问题。

2.1.5.3 分子动力学模拟

分子动力学模拟用计算机模拟来研究原子的物理运动和多原子体系中分子的变化,是一门涵盖物理、化学、数学的综合技术[57]。该方法不仅可以提供药物和靶标之间的相互作用信息,还能提供相互作用过程中的能量和结构变化的详细信息。这些信息可以揭示药物和靶标的相互作用机制,从而指导新药物或新靶标的发现,而这些信息由常规实验很难获得[53]。经典的热力学认为,蛋白质和靶点间的相互作用是系统热力学平衡的过程,相互作用所形成的复合物结构应该是结合自由能最低的构象。因此,分子动力学模拟的研究不仅需要有高效的搜索算法来快速找到自由能极低的构象,也需要一个准确的数学模型或函数来计算结合自由能[58]。

搜索算法主要包括快速穷举搜索和启发式搜索两大类。快速穷举搜索算法一般应用于方法规律不明确的问题处理,如快速傅里叶变换方法[59]。该方法将蛋白质分子和配体分子表示为三维格点数据,采用相关函数来定量描述分子结构或把能量的匹配程度作为评判原则。启发式搜索算法把对接体系中配体分子的平移和旋转操作先随机进行编码,然后根据能量评分对操作后的配体构象进行优化和取舍,最终找到能量最低的配体分子构象。

结合自由能是评估配体与受体结合能力强弱的重要指标。将分子动力学模拟与结合自由能计算相结合,以评估小分子与靶标之间的结合能力强弱也是分子动力学模拟很重要的一部分。目前,分子力学-泊松-玻尔兹曼表面积法(molecular mechanics-Poisson Bolzmann surface area,MM-PBSA)和分子力学-广义伯恩表面积法(molecular mechanics-generalized Born surface area,MM-GBSA)是两种应用最广泛的自由能计算方法[60]。这两种方法基于分子动力学模拟得到的轨迹,从静电能、范德华能和溶剂化能中计算出整个体系的焓变,以此获得药物和靶标之间的结合自由能。

2.1.5.4 化学基因组学

化学基因组学方法兴起于20世纪90年代中期,它将化合物的化学空间和靶标蛋白的基因组空间整合为一个统一的药理学空间,然后利用丰富的生物学数据和机器学习模型来进行药物-靶标相互作用的预测。常用的机器学习方法是建立分类模型。它将"药物-靶标"对作为输入,将药物之间是否有"药物-靶标"对的相互作用作为输出。Yu等[61]整合了药物和靶点的化学、基因组以及药理学信息,然后利用随机森林模型预测药物与靶点之间的相互作用;Nagamine等[62]将氨基酸序列数据、配体的化学结构和质谱数据结合作为输入,然后用支持向量机建立预测模型;Wang等[63]同样使用有监督的支持向量机来预测药物和靶标之间的相互作用,其输入特征仅基于药物的化学结构和蛋白序列信息。神经网络和深度学习方法因其相对较好的性能和学习多层次抽象数据表示的能力也备受关注[53]。

2.2 从先导化合物到候选药物

通过对靶点的研究,我们可以获得一批具备一定疗效的先导化合物。先导化合物也称先导物,是通过各种手段和途径得到的具有一定生化效用,但在某些方面(如活性、药代动力学性质、毒性等)存在一定缺陷的基础化学结构。通过对有潜力的先导化合物进行结构优化,再经筛选后有望得到性质优良的药物。下面将对先导化合物的优化和先导化合物的合成展开详细阐述。

2.2.1 先导化合物的优化

先导化合物的优化指从已经确定的先导化合物分子中找到最符合临床药物标准的分子。为了能够将先导化合物成功优化成临床前候选药物,除了要经过一系列的优化外,还要通过实验确定待优化的先导化合物符合各种药物理化性质标准(例如物理化学性质、生物化学性质、药代动力学、体外毒性等）。

先导化合物需具有"可开发成为候选药物"的潜质，具体包括：①在活性上需求具备明确的构效关系和量效关系；②在性质上需求化合物具备可优化成为药物候选物的基本属性［吸收（absorption）、分布（distribution）、代谢（metabolism）、排泄（excretion）和毒性（toxicity），简称 ADMET］，如口服生物利用度＞10％（吸收），血浆蛋白结合率＜99.5％（分配），消除半衰期＞30min（代谢），尿钙排泄量（排泄）以及 hERG 抑制（毒性）。

虽然先导化合物可能具有可开发成为药物候选物的潜质且满足了一些药物标准，但是本身仍然存在着很多问题，如生物学或药理活性较差、靶点选择性不理想、体内无活性、可能存在毒性或不良反应、易被代谢失活、口服吸收差等。因此，只有通过优化筛选，先导化合物才可成为选择性好、生物活性强、药代动力学性质佳、安全性符合要求的药物候选物。这一过程就是先导化合物的优化，其研究内容主要分为两个方面：一是活性优化，二是 ADMET 优化。

2.2.1.1 活性优化

近年来，随着蛋白质晶体学、结构生物学、计算信息学等相关学科的发展，出现了越来越多的先导化合物优化方法，主要分为计算方法和分子模拟两类（图 2-7）。其中，计算方法包括量子计算方法（quantum mechanics，QM）和分子力学方法（molecular mechanics，MM）；分子模拟包括分子动力学模拟（molecular dynamics，MD）和统计力学模拟（statistical mechanics，SM）。

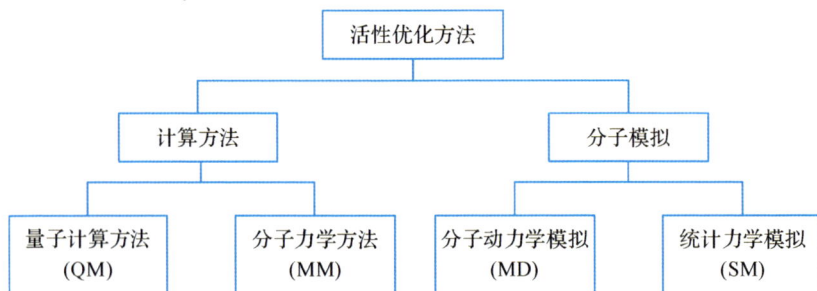

图 2-7　活性优化方法

量子计算是一种遵循量子力学规律调控量子信息单元进行计算的新型计算模式,在计算的效率上远高于传统的通用计算机。分子的化学反应的速度非常快,通常在几分之一毫秒,经典的化学反应方法已无用武之地[64]。通过量子计算可以很好地预测化学反应机制且精确度很高,这有助于研究药物分子在体内的作用机制以进行活性优化。

分子力学考虑几何结构或力学特性等静态性质,它将原子与原子之间的作用视为主要的相互作用。因此,在分子力场模型中,把组成分子的原子看成是由弹簧连接起来的球,然后用简单的数学函数来描述球与球之间的相互作用。

分子动力学模拟是研究凝聚态系统的有力工具,该技术依靠牛顿力学来模拟分子体系的运动。它总是假定原子的运动服从某种确定的描述,这种描述在忽略核子的量子效应和绝热近似的情况下,可以将原子的运动和确定的轨迹联系在一起。该方法从不同分子体系状态构成的系统中抽取样本,计算体系的构型积分,并以积分为基础计算体系的热力学性质和其他宏观性质。分子动力学模拟不仅可以得到原子的运动轨迹,而且可以观察到原子运动过程中的各种微观细节。根据各个粒子运动的统计分析,可推知体系的各种性质,如可能的构象、热力学性质、分子的动态性质、溶液中的行为、各种平衡态性等,这些都是结构优化的重要参考依据。

统计力学模拟是一门以最大乱度理论为基础,借由配分函数将大量组成成分(通常为分子)系统中的微观物理状态(如动能、位能)与宏观物理量统计规律(如压力、体积等)联结起来的科学。蒙特卡罗模拟是统计力学模拟中的典型代表,它基于给定温度下的玻尔兹曼(Bolzmann)分布所得到的随机数值来抽样检测相空间,以概率统计理论为基础,以随机抽样为主要手段,首先建立一个概率(或随机过程)使它的参数等于问题的解,然后通过对模型(或过程)的抽样试验来获得有关参数的统计特征解的近似值及精度估计。蒙特卡罗模拟常用于计算一个分子或分子体系的平均热力学性质来辅助分子的结构优化。

2.2.1.2 ADMET

ADMET(药物的吸收、分布、代谢、排泄和毒性)是当代药物优化中十分重要的内容。药物早期 ADMET 性质研究主要以人源性或人源化组织功能性蛋白质为"药靶",将体外研究技术与计算机模拟等方法相结合,研究药物与体内生物物理和生物化学屏障因素间的相互作用。药物早期 ADMET 性质评价可有效解决种属差异的问题,减少药物毒性和副作用的发生,这是药物优化的重要一环。当前,大多数制药行业在很大程度上依赖通过计算机预测工具来进行 ADMET 评估,如 ADMETlab、pkCSM、admetSAR、vNN-ADMET。

ADMETlab[65] 是一个基于 288,967 种化学品和 31 个 QSAR 模型优化的综合数据库开发的平台,用于评估、查询化学品的 ADMET 分析结果,其架构如图 2-8 所示。这是一个开放获取模块,非常适合快速筛选 ADMET 配置文件以及确定任何新化学实体(new chemical entity,NCE,指以前没有用于人体治疗并注定可用作处方药的产品)的优先级。ADMETlab 由药物相似性评估、ADMET 预测、系统评估、应用领域和聚合器预测五个计算机工具组成。

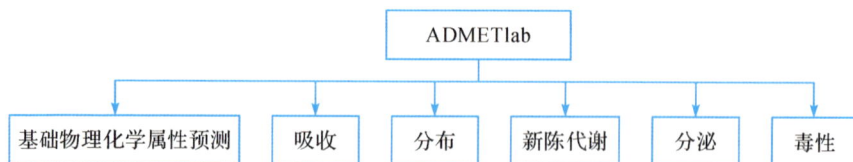

图 2-8　ADMETlab 框架[65]

pkCSM[66] 是一种预测和优化小分子药代动力学和 ADMET 性质的新工具,依赖于图形特征。该工具只需要简化分子线性输入系统(simplified molecular input line entry system,SMILES)形式的分子输入,即可快速评估药物相似性和生物利用度所需的药代动力学性质和毒性特性。pkCSM 的特征主要包括原子药效团频率计数、亲脂性、面积、可旋转键的数量等,它集成了 14 个基于回归的模型来进行 ADMET 属性预测。

admetSAR[67] 用于通过提供名称、SMILES、美国化学文摘社(Chemical Abstracts Service,CAS)登记号(chemical abstract services registry number,CASRN)和相似性搜索来预测 ADMET 属性。admetSAR 可以

使用 QSAR 模型预测大约 50 个重要的 ADMET 断点以及多个生态毒性端点。最新的工具 admetSAR2.0 基于 47 个模型，用户可以使用 SMILES 作为直接输入，一次最多输入 20 个分子。此外，admetSAR 还有一个 ADMETopt 的模块，该模块提取了超过 50,000 个独特的分子结构骨架，不仅可以预测 ADMET 特性，而且能预测药物相似性，用于先导化合物的优化。

vNN-ADMET[68]是一个可公开访问的在线平台，能够预测 15 种 ADMET 特性，例如致突变性、细胞毒性、心脏毒性、药物相互作用等。新模型是基于可变最近邻(vNN)方法生成的，它以化合物的化学结构形式计算化合物之间的相似距离，可以在几分钟内完成构建，并且在新的检测信息可用时不需要重新训练。

2.2.2　先导化合物的合成

由于某些先导化合物只存在珍贵的动植物中，又或者很难从自然界中获得，我们需要通过化学反应来合成该先导化合物。业界一直希望有高效、精准的计算机程序，从目标化合物分子出发，进行反应路线的自动生成设计，即计算机辅助化合物合成路线规划(computer-aided synthesis planning，CASP)[17]。

CASP[69]方法是基于化学反应规则来预测合成路线的。化学反应规则可以通过相关专家进行人工总结整理得到，也可以通过计算机自动进行规则提取。然而，人工提取化学反应规则耗时耗力，难以应对新的有机化学反应一直不断快速增长的现状，也无法用于预测新的化学反应的发生。

已经有研究人员开始运用机器学习方法来提取自动反应规则，但是提取的规则一般仅考虑反应中心原子和邻近原子。为了更好地描述化学反应，首先应该解决的问题是如何建模分子的结构表示使其适应机器学习算法。

2.2.2.1　先导化合物的表示

由于传统机器学习方法只能处理固定大小的输入，大多数早期药物的发现使用了特征工程，即使用一组特定于问题的分子描述符作为特征。常用的描述符包括:①分子指纹,用二进制数字对分子的结构进行编码。②经统计学家和化学家处理的量子/物理化学和微分拓扑派生的描述符。③SMILES 字符串,用单行文本表达化合物结构。④图结构表示。图结构可以表示分子之间的连接关系,并通过邻居节点的聚合获得分子的表征[70]。

＊分子指纹

在比较两个化合物之间的相似性时,遇到的最重要的问题是分子表征的复杂性。为了方便比较,我们需要在一定程度上对分子表征进行简化或抽象。分子指纹就是一种分子的抽象表征,它将分子编码为一系列比特串(图 2-9),然后通过比较比特串来计算分子之间的相似性。一般来说,分子指纹会先提取分子的结构特征,然后将其哈希生成比特向量。

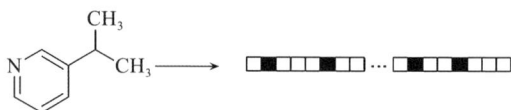

图 2-9 分子表示成比特串示意图

比较分子是困难的,但比较比特串就很容易。因此,分子之间的比较必须以可量化的方式进行。分子指纹上的每个比特位对应一种分子片段(图 2-10)。相似的分子之间必然有许多公共的片段,那么具有相似指纹的分子有很大的概率在二维结构上也是相似的。

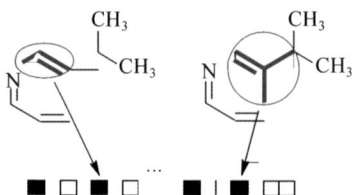

图 2-10 比特向量上的每个位置对应一个分子片段示意图

对于分子指纹,评估两个向量之间的相似性的行业标准是谷本系数,它由两个指纹中设置为 1 的公共位数除以两个指纹之间设置为 1 的总位数组成。这意味着谷本系数取值通常是[0,1]之间的值。同时,给定谷本系数的两个指纹实际上的相似度将极大地取决于所使用的指纹的类型,这使得谷本系数不可能成为被选择用于确定两个指纹是否相似的通用标准。因此，我们需要通过数据融合策略将分子指纹与其他相似系数相结合来提高分子指纹的性能[71]。

根据将分子表征转换成位串方法的不同，分子指纹可以分为基于子结构的指纹、基于拓扑或路径的指纹、圆形指纹等类型。

基于子结构的指纹(图 2-11)根据给定结构列表中某些子结构或特征的存在与否来设置位串。当分子主要由指纹的子结构组成时，该方法最有用，而当分子包含指纹的子结构不那么多时，则不会很有用(它们的特征将不被分子指纹所表示)。

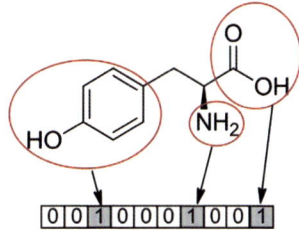

图 2-11　基于子结构的指纹示意图

一种分子指纹的位数由子结构的数量决定，每个比特位与分子中单个给定特征的存在或不存在有关，这与其他类型的指纹不同。

基于拓扑或路径的指纹通过分析从一个原子开始直至到达指定数量键的路径上所有的分子片段，然后对每一个路径进行哈希产生指纹(图 2-12)。此类指纹适用于任意一个分子，并可以调整其长度，用于快速的

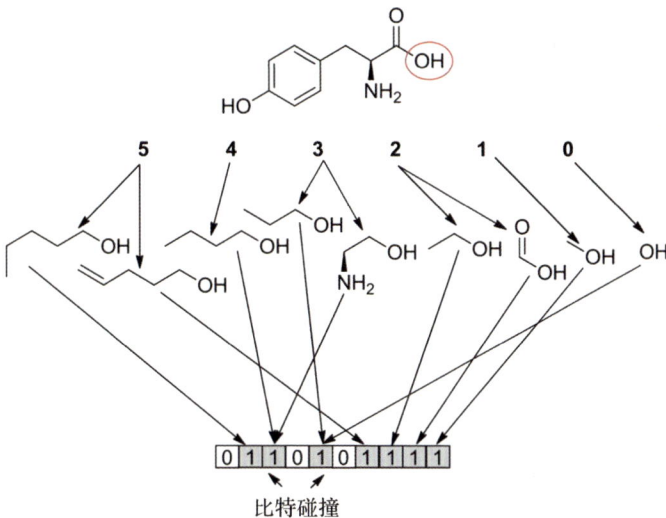

图 2-12　基于拓扑或路径的指纹示意图

子结构搜索与分子过滤。Daylight 指纹是此类型指纹中最突出的代表。它由多达 2,048 的比特位组成,编码了分子达到给定长度的所有可能的连接途径。

圆形指纹也是一种哈希的拓扑指纹,但它与基于路径的指纹的不同之处在于:它是通过记录每个原子固定半径内的相邻原子状态来综合生成的(图 2-13)。因此,此类指纹不适用于子结构查询(因为相同的片段可能具有不同的环境),但广泛用于完整结构的相似性搜索。

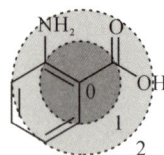

图 2-13　圆形指纹示意图

* 描述符表示

分子描述符是指分子在某一方面性质的度量,既可以是分子的理化性质,也可以是通过各种算法推导出来的分子结构特征[72]。一般选择分子描述符有如下要求:①具有结构解释性。②与至少一种性质具有良好的相关性。③具有区分异构体的优势。④能够应用于局部结构。⑤独立性好。⑥简洁。⑦不是基于实验的性质。⑧与其他描述符不相关。⑨可以有效构建。⑩使用熟悉的结构概念。⑪具有正确的大小依赖性。⑫随结构的改变而变化。

化学结构可以通过描述符的数值来表征。对于每个级别的分子表示(图 2-14),如 0D、1D、2D、3D 甚至 4D(基于分子动力学时间序列的维度),我们都有相应的分子描述符来计算结构特征。

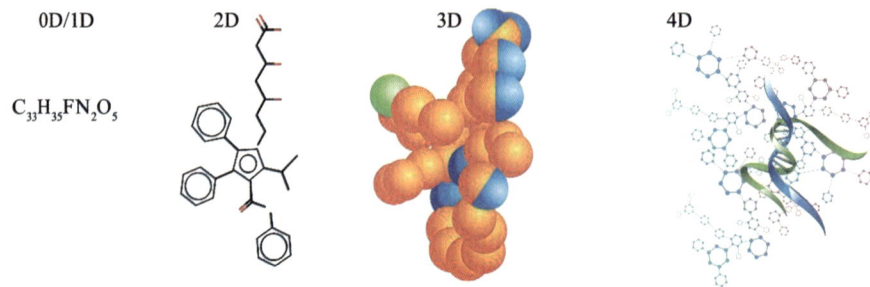

图 2-14　不同级别的分子结构示意图

0D 描述符表示可以像 $C_{33}H_{35}FN_2O_5$ 这样的化学式一样简单。它表明存在 33 个碳原子，35 个氢原子，1 个氟原子，2 个氮原子和 5 个氧原子。0D 表示没有传达太多关于分子结构和原子连通性的信息。

1D 描述符通常考虑片段计数、氢键供体和受体、极性表面积（polar surface area，PSA）等。它们通常是二进制值，表示给定子结构或发生频率的存在或不存在。0D/1D 描述符的一些例子有原子计数、键计数、分子量、摩尔折射率等。

2D 描述符解释了结构特征和原子的连接方式（例如邻接）。它们通常是导出节点和边缘分子图表示的描述符，如大小、分支程度、原子在电子和立体效应方面的邻域、灵活性、整体形状等。

3D 描述符具有高含量信息。在三维中，分子在空间中以 x、y、z 坐标进行观察，因此 3D 描述符解释了空间和几何配置、基于形状的信息、构象相关距离和表面属性（如溶剂可访问表面积）。然而，当涉及优化方法的选择时，它可能有一些复杂之处。由 3D 描述符产生的构象排列通常具有多个良好构象的高柔性分子，这导致了实验构象和计算优化构象之间存在差异，执行生成三维构象、评估和最终确定优化构象与计算三维描述符的过程也可能很耗时。

4D 描述符通常来自参考网格和分子动力学模拟。我们应用基于网格的 QSAR 技术来定量检测和表征配体与受体活性位点中氨基酸残基之间的相互作用。其中，分子被放置在三维网格中，通过计算模拟和探测来估计分子表面和可能形成的蛋白质-配体相互作用（例如 $\pi-\pi$ 堆叠、疏水性等）。

＊ 线性表示法

对于一些分子结构的计算，把分子结构的信息转化为线性的表达方式可能更为合适。SMILES[73] 是最为通用的分子结构线性表示法，它是很多化学信息系统的重要基础。这种表示法为更为复杂的结构处理和计算提供了一个很方便的框架。SMILES 对原子、键型、支链以及环结构等都定义了简单的规则。下面是 SMILES 中包含的主要规则[74]。

（1）原子由元素符号表示。对于重原子上键连的氢原子数目以及形式电荷个数，可以采用如下的方法定义：隐含 H 时，只写元素符号，如 H、C、N、O 等；不隐含 H 时，加方括号，如［Au］、［CH_3］、［NH_4］等。形式电荷可以在方括号中定义，如［OH^-］。在 SMILES 中，可以用通配符"＊"表示任意的原子，如［＊$^{2+}$］表示带 2 个正电荷的任意原子。芳香性原子用小写字母表示，如 C、N、O 分别表示芳香碳、氮和氧。

（2）双键及三键以"＝"及"♯"表示，单键以"—"表示或省略。例如，乙烷的 SMILES 表达为 CC，乙烯的 SMILES 表达为 C＝C。芳香原子之间的键型省略，SMILES 自动识别为芳香键。

（3）支链在小括号中表示，如异丁酸的 SMILES 表达为 CC(C)C(＝O)O。

（4）环结构断开一根键后以数字表示成环位置，环编号顺序任意。

＊图结构表示法

以往的研究常将分子建模成图像，然后利用神经网络进行处理。例如，卷积神经网络（convolutional neural networks，CNN）就可以通过卷积算子从原始图像中自动提取图像中的相关特征，来对化合物进行分类。但 CNN 无法捕获分子结构之间存在的内在关联，容易忽略分子节点的特性。而且在现实世界中，大量的结构数据往往是以图形而不是图像的形式存在的，仅用图像建模分子结构效果不理想。

为解决这些问题，人们开始转向用图的形式来表达分子结构，即把原子看作图的节点，原子之间的键看作图的边[70]。关于图的存储方式，一般有邻接矩阵和邻接表两种。邻接矩阵是将图的结构以 N＊N 的矩阵形式表达，每个矩阵元素表示图中两个节点之间的连接关系。这种连接关系既可以仅仅是表示邻接与否（1/0），也可以表示节点间的连接权重（如节点距离等任何类型的表示节点间关系的数据）。与邻接矩阵不同，邻接表则是使用嵌套的线性链表来储存节点的邻接边。用邻接矩阵表示的图结构较为复杂，访问速度快，但会浪费很多存储单元。由于有机分子中每个原子的相邻原子数一般小于 4，即使是配合物中心原子的邻接原子，一般也不超过 6 个，这使得表示分子结构的邻接矩阵通常是高度稀疏的对称矩阵。因此,比较适合的存储方法是使用邻接表。

用图表示分子结构可以更全面地考虑和利用结构内部的信息,这有利于深度学习等方法从大规模数据中学习输入特征与输出决策之间的复杂关系,提高模型的效果。

2.2.2.2　逆合成

逆合成分析最初是由 Corey 在 1964 年提出的。他将有机合成与逻辑推理结合起来,并结合计算机程序设计的思维方法,形成了自成体系、有一定规律可循的有机合成方法学。逆合成分析用于描述通过断键的方式将一个复杂的目标分子还原为一个简单前体的迭代过程,即从产物出发,搜索可能的前体。近年来,人工智能技术已被用于化学反应产物预测和逆合成分析,并有望实现现有逆向合成分析技术的进一步发展。目前,人工智能辅助的化合物合成路线规划还需要人工提取的反应规则和大规模反应数据库的支持。

逆合成的基本元素包括靶分子、原料、中间体、结构变换、合成元与合成等效剂,如图 2-15 所示。

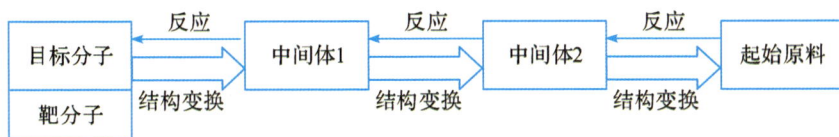

图 2-15　逆合成流程

靶分子指所需合成的一切目标分子,最终产物或者合成中间体均可称为靶分子。在逆合成分析中,可以将前一步结构变换的中间体视为后一步结构变换的靶分子。原料指市场上易购得的合成靶分子较为简单的有机化合物,广义的原料还可将多步合成中前一反应的产物(中间体)视为后一步合成的反应原料。中间体指合成靶分子所需的前体化合物,即难以购买而需要自行合成的有机化合物。合成元与合成等效剂是两个不同的概念,但两者相互联系。合成元是逆合成分析中目标分子转化所得的结构单元,合成等效剂是与合成元相对应的具有同等功能的稳定化合物,在某些情况下两者可以是同一种。

逆合成中最重要的步骤就是结构变换。结构变换的主要类型有两种,区别在于是否改变靶分子的碳骨架结构。改变分子骨架的主要手段有:①逆向切断——用切断化学键的方法,将靶分子骨架拆分成两个及两个以上的合成元,以此简化目标分子。②逆向连接——将目标分子的两个碳原子连接起来以形成新的化学键,获得便于进一步拆分的合成元。③逆向重排——按某一重排反应的反方向将目标分子重组,以此简化目标分子。不改变分子骨架的结构变换的主要手段有逆向官能团互换、逆向官能团添加和逆向官能团除去,这样可以使目标分子变换成一种更易合成的前体化合物或易得原料。

当前常用的逆合成方法主要分为基于模板和不基于模板两种。基于模板的逆合成方法指将反应规则与目标分子匹配,以此产生一个或多个候选前体。模板可以由专家整理或者从反应数据库中自动提取。2017年,Segler 等[75]利用收集到的 350 万个反应数据,使用神经网络来提取反应规则。在近 100 万个反应数据的验证集中,该模型预测的前十个目标反应的命中率达到了 97%。随后,他们使用蒙特卡罗树搜索和深度神经网络搜索了 40 种药物类似分子的合成路线。该策略能以 95% 的精度推测可行的合成路线,远高于之前 87.5% 的基准值[76]。而且盲测结果表明,受试者很难分辨出模型给出的逆合成路线与人类专家设计的逆合成路线[77]。

在无模板的逆合成方法中,化学结构的所有转变是在没有任何反应规则的情况下进行的,其中基于深度学习的策略越来越流行。2017 年,Liu 等[78]建立了将反应产物 SMILES 转换为反应物 SMILES 的序列到序列模型。该模型以美国专利文献中的 50,000 个实验反应实例为训练样本,最终训练出来的模型达到了基于规则模型的精度,并成功实现了17 种分子的逆合成路线设计。来鲁华和裴剑锋[79]使用 Transformer 框架构建了单步逆合成分析模型,并结合蒙特卡罗树搜索和启发式打分函数建立了逆合成路线规划系统 AutoSynRoute,该系统成功实现了 4 种分子的逆合成路线设计。

2.3　从候选药物到新药上市

先导化合物被确定为临床候选药物后,还需要经过一系列步骤才能被批准上市应用。首先通过临床前相应工作对其有效性和安全性进行初步评价,然后对工艺路线、剂型设计、结构确证、质量稳定性和质量标准等进行研究,最后在临床试验中对有效性、安全性进行更深入的研究。只有在上述步骤中都获得理想的结果,新药才能被批准上市。

2.3.1　临床前药物研究

临床前药物研究是进入临床试验前全部的研究工作,其工作目标是分析研究新药的各种理化性质,保证药物具有有效性和安全性,为正式进入临床研究积累实验数据、提供临床前生物学评价、规划处方工艺以及设计合理剂型等。

2.3.1.1　临床前药物有效性评价

有效性是新药治病救人的首要条件,也是评价新药的首要标准。药效评价的工作应当贯穿从生物实验到临床试验的所有阶段。虽然药物是否有效最终由临床试验决定,但未经临床药效学评价的药物不能直接用于临床。

药效学主要研究药物对机体的作用和规律,阐明药物的防治机制。药效学的研究目的有以下几点[6]:①确定新药用于临床防、诊、治各种目的的预期效果。②验证新药的功效强度。③阐明作用机制,确定作用部位。④发现预期之外的药理作用。药效学的研究能够为新药临床使用时选择合适的适应证、治疗人群、有效安全剂量和给药途径提供可靠的实验依据,促进新药的开发[24]。

用传统的临床试验来评价有效性耗时耗力,还会产生不可预估的危险。使用 AI 来预测药物有效性是一个合理的选择。

2020 年 12 月 16 日,美国麻省理工学院的 Tim Becker 和 Kevin Yang 等[80] 提出了一种基于表型和化学结构的预测化合物活性的模型。在药物发现中,由于化合物可能的化学结构(化学空间)的理论范围太大,所以无法在物理实验中逐一对其进行活性测试。制药公司虽然已经合成并测试了数以百万计的化合物,但这些化合物也只代表所有可能结构中的一小部分。如果有计算模型可以一次性对数百万种化合物进行分析,能够以极低的成本预测化合物的检测结果,那么药物发现过程中的筛选时间和成本都将大幅减少。

研究人员使用一个超过 30,000 个化学物质的化合物库,其中大约 10,000 个来自小分子库,2,200 个是药物和小分子,其余 18,000 个是以多样性为导向合成的新化合物。他们通过增加与化学结构相关的特征来提高化合物活性预测模型的性能:在对化学结构表征进行训练时,结合两种不同类型的实验产生的表型图谱数据、细胞形态学(细胞画像检测)数据和基因表达(L1000 检测)数据(图 2-16)。结果显示,该模型预测化合物活性的能力显著,极大地加快了药物的研发速度。

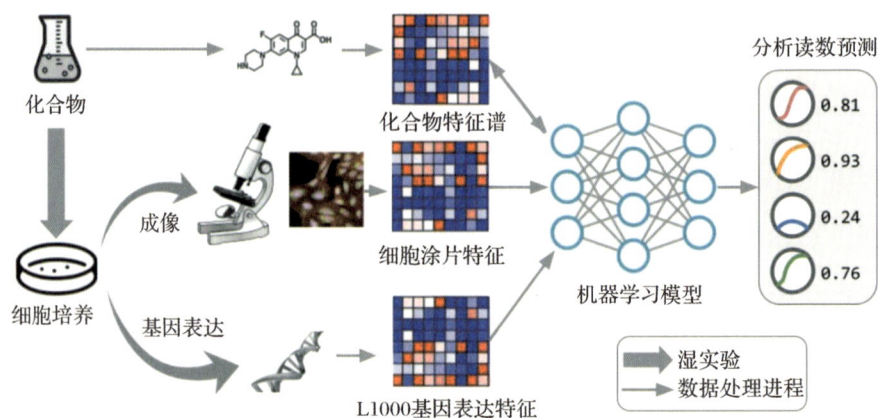

图 2-16　预测化合物活性模型的工作流程[80]示意图

2.3.1.2　临床前药物安全性评价

安全性评价涉及新药开发的全过程,约占整个临床前研究内容的90％。为了从源头上提高药物研究水平,保证药物研究的质量。我国自2007年1月1日起,新药在注册申请前必须通过有资质的实验室的安全性评估。

AI技术的进步使得临床前药物安全性的评价可以以计算机辅助的方式进行,如晶型优化。决定化合物是否适合成药的很多关键性质是其分子式结构先天决定的,传统研发依靠实验试错,无法发现所有的晶型,也无法确定已经选定的晶型就是最稳定、最适合成药的那一个。

晶泰科技开发了一种基于计算化学与人工智能方法的药物晶型预测(crystal structure prediction, CSP)平台,为晶型研究提供了全新的解决方案。该平台可以快速、高效、高精度地锁定药物分子所存在的最稳定晶型,并给出晶型在有限温度下(0～400K)的热力学稳定性排位。这一CSP技术整合了晶型搜索算法、XForceField小分子通用立场、量子动力学计算与晶体自由能计算等核心技术,实现对不同晶型热力学相对稳定性的高精度预测。CSP计算流程如图2-17所示。

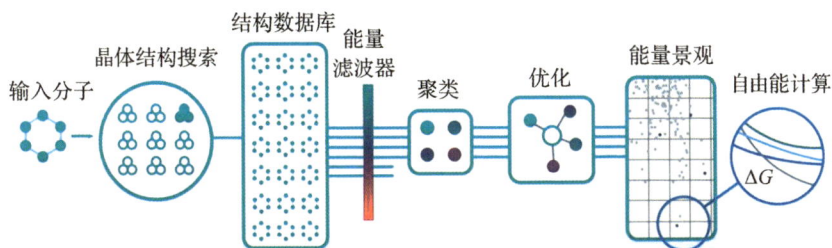

图 2-17　CSP 计算流程示意图

相较于传统的研究方法,这一技术平台可以同时调用海量的云计算资源,更加高效、精确地完成晶型筛选,速度远快于传统方法,在2～3周内就能完成常规小分子药物的晶型预测,并适用于更复杂的体系,包括超过15个柔性角的分子、多柔性环复杂异构、不同盐型、共晶、水合物、溶剂化等。该平台可以指导更加有针对性的实验筛选,节省不必要的实验环节,显著加速晶型筛选与优势固相的确认,从而大幅降低固体形态在后期应用的风险,提高药物的安全性。

2.3.2　临床药物研究

临床药物研究是新药研究开发的最后阶段,对药物能否上市起着至关重要的作用。一种新药从进入开发计划到完成研究上市,一般需要10~15年的时间,其中大部分时间花在临床评价上,临床费用从数千万美元到数亿美元不等。时间和金钱的巨额成本足以反映临床研究的重要性。药物临床试验的计划和执行不仅消耗时间、精力和资源,而且成功率很低、受到的影响极大。2018 年,美国麻省理工学院的研究人员分析了2000 年 1 月 1 日至 2015 年 10 月 31 日期间,超过 21,143 个化合物的406,038 条临床试验数据。结果显示,药物从进入 I 期临床试验起到获得 FDA 批准的总体成功概率只有 13.8%,也就是说,将近 90% 的进入临床试验阶段的药物无法最终获得监管批准。

药物临床试验的失败与诸多因素相关。其中,受试者招募是起始的关键环节,86% 的临床试验未能在目标时间内完成招募。而受试者的招募往往因为试验方案的入组标准严格而影响进度。许多专家和医生认为,入组标准可能淘汰了合适的受试者,所以应该考虑简化和扩大范围。

然而,扩大临床试验的入组标准极具挑战,问题的关键在于,每一条入组标准如何影响最终的合格受试者数量和试验结果,还无法确定。

2021 年 4 月,美国斯坦福大学的 James Zou 等[81]在《自然》(Nature)上发布了 Trial Pathfinder 框架来优化入组标准的包容性。该框架可以整合真实世界数据,系统分析不同入组标准下队列总生存期的风险比(风险比越低,治疗的获益越大),评估包含或忽略临床试验中的某些入组标准后产生的效果。分析结果显示,许多常见的入组标准对临床试验的结果影响甚微。

Trial Pathfinder 的工作流程分为两大部分。一是临床试验模拟。

Trial Pathfinder 将真实世界数据和目标试验方案(治疗和资格标准)作为输入。根据患者特征、诊断、实验室值、生物标志物和先前的治疗方法,以编程方式对不同的入组标准(从文本中提取)进行编码,并使用倾向评分的加权分析法进行临床试验模拟。然后对模拟的治疗组进行生存分析,并报告符合条件的患者数和由此产生的风险比。二是分析。Trial Pathfinder 将标准的重要性分析与 Shapley 值相结合,评估了每个纳入/排除标准如何影响合格受试者的数量和试验结果。

研究表明,几个常用的纳入/排除标准不会对试验的总生存期的风险比产生实质性的影响,也不会潜在地降低试验的有效性。这些标准包括实验室检查的指标(如血压,白蛋白水平,淋巴细胞或中性粒细胞计数,丙氨酸氨基转移酶、碱性磷酸酶和天冬氨酸氨基转移酶水平)和先前的疗法[间变性淋巴瘤激酶(anaplastic lymphoma kinase,ALK)、细胞程序性死亡配体1(programmed cell death ligand 1,PD-L1)、表皮生长因子受体(epidermal growth factor receptor,EGFR)和 CYP34A 疗法,系统性或抗肿瘤疗法]。

同时,研究人员筛选了 10 项(临床试验方案可获取、至少有 250 例相关患者)已完成的晚期非小细胞肺癌(advanced non-small cell cancer,aNSCLC)临床试验,并使用 Trial Pathfinder 进行完整的模拟。研究发现,当使用数据驱动的方法来扩大入组标准时,可使符合标准的受试者平均从 1,553 人增加到 3,209 人,同时总生存期的风险比平均下降了 0.05。新的入组标准平均删除了 9 个纳入/排除标准。这表明,许多在原先试验标准下不符合条件的患者有可能从治疗中获益。

用数据驱动的方法来评估入组标准,可以增加临床试验设计的包容性,同时保证受试者的安全。同时,新药的临床研究还应遵守以下原则:法规原则、医学伦理原则、实验设计原则、研究道德原则、统计分析原则。这些原则的目的在于确保临床试验规范、结果科学可靠,并保障受试者的合法权益和个人安全。各期临床试验、生物等效性实验均要遵照《世界医学大会赫尔辛基宣言》,做到尊重人格,使受试者获益最大化,对受试者造成的损伤最小化。

参考文献

［1］ Sleno L，Emili A. Proteomic methods for drug target discovery［J］. Current Opinion in Chemical Biology，2008，12(1)：46-54.

［2］ 叶德泳.计算机辅助药物设计导论［M］.北京：化学工业出版社，2004.

［3］ 郜瑞，赵霞霞，李发荣.药物靶标发现的技术［J］.药物生物技术，2009，16(1)：90-94.

［4］ 杨春生.电场对 α-淀粉酶二级结构和酶活性的影响及其时间效应［D］.呼和浩特：内蒙古大学，2009.

［5］ 王美芹.化学应用基础［M］.济南：山东大学出版社，2009.

［6］ 孙保存.病理学实验［M］.北京：人民卫生出版社，2007.

［7］ 李定.计算机辅助药物设计基础［M］.杨凌：西北农林科技大学出版社，2018.

［8］ Prevelige P，Fasman G D. Chou-Fasman prediction of the secondary structure of proteins［M］//Prediction of Protein Structure and the Principles of Protein Conformation. Springer，Boston，MA，1989：391-416.

［9］ 郑珩，王非.药物生物信息学［M］.北京：化学工业出版社，2004.

［10］ 王比翼.用改进遗传算法和径向基函数网络预测蛋白质二级结构［D］.广州：暨南大学，2008.

［11］ Kloczkowski A，Ting K L，Jernigan R L，et al. Protein secondary structure prediction based on the GOR algorithm incorporating multiple sequence alignment information［J］. Polymer，2002，43(2)：441-449.

［12］ 牛卫东，潘宪明.蛋白质结构预测［J］.世界科技研究与发展，1998，20(1)：55-58.

［13］ 王帆，刘帅.计算机在生物信息学中的应用［J］.科技致富向导，2012(35)：74，100.

［14］ Al-Lazikani B，Jung J，Xiang Z，et al. Protein structure prediction［J］. Currento Pinion in Chemical Biology，2001，5(1)：51-56.

［15］ 王超，朱建伟，张海仓，等.蛋白质三级结构预测算法综述［J］.计算机学报，2018，41(4)：760-779.

［16］ Ye J，McGinnis S，Madden T L. BLAST：improvements for better sequence analysis［J］. Nucleic Acids Research，2006，34(suppl_2)：W6-W9.

［17］ Altschul S F，Madden T L，Schäffer A A，et al. Gapped BLAST and PSI-BLAST：a new generation of protein database search programs［J］. Nucleic Acids Research，1997，25(17)：3389-3402.

［18］ Jaroszewski L，Li Z，Cai X，et al. FFAS server：novel features and applications

［J］.Nucleic Acids Research,2011,39(suppl_2):W38-W44.

［19］ Söding J,Biegert A,Lupas A N. The HHpred interactive server for protein ho-
mology detection and structure prediction［J］.Nucleic Acids Research,2005,33
(web Server-issue):W244-W248.

［20］ Bowie J U,Luthy R,Eisenberg D. A method to identify protein sequences that
fold into a known three-dimensional structure［J］.Science,1991,253(5016):
164-170.

［21］ Lv Z,Ao C,Zou Q. Protein function prediction:from traditional classifier to deep
learning［J］.Proteomics,2019,19(14):e1900119.

［22］ 洪嘉俊.基于深度学习的蛋白质功能预测及药物靶点发现研究［D］.杭州:浙江大
学,2020.

［23］ 熊伟.基于蛋白质相互作用网络的蛋白质功能预测［D］.上海:复旦大学,2013.

［24］ 滕志霞,郭茂祖.蛋白质功能预测方法研究进展［J］.智能计算机与应用,2016,6
(4):1-4.

［25］ 刘言,沈素萍,方慧生,等.蛋白质功能预测方法概述［J］.生物信息学,2013,11
(1):33-38.

［26］ 陈成.基于深度学习的蛋白质功能预测研究［D］.青岛:青岛科技大学,2020.

［27］ Samanta M P,Liang S. Predicting protein functions from redundancies in large-
scale protein interaction networks［J］.Proceedings of the National Academy of
Sciences,2003,100(22):12579-12583.

［28］ Cai C Z,Han L Y,Ji Z L,et al. SVM-Prot:web-based support vector machine
software for functional classification of a protein from its primary sequence［J］.
Nucleic Acids Research,2003,31(13):3692-3697.

［29］ 俞淑文.新型蒽环类抗肿瘤药物 ADOX 的设计合成及逆转肿瘤多药耐药机制研
究［D］.济南:山东大学,2012.

［30］ 徐文方,李绍顺,杨晓红.药物设计学［J］.北京:人民卫生出版社,2011.

［31］ 何彦祯.AHAS 与不同结构类型抑制剂的相互作用研究［D］.武汉:华中师范大
学,2007.

［32］ 郝明,丛丽娜,司宏宗.促分裂原活化蛋白激酶激活的蛋白激酶-2 全新抑制剂的
3D-QSAR 研究［J］.大连工业大学学报,2009,28(4):239-243.

［33］ 陈凯先.全新药物的设计方法［J］.国外医学:药学分册,1995,22(1):1.

［34］ 陶国新.基于 HIV-1 蛋白酶结构的非肽抑制剂的全新分子设计与合成［D］.北京:

中国协和医科大学,2001.

[35] 韩佳怡.互利素与白蛾周氏啮小蜂气味结合蛋白的分子对接[J].天津师范大学学报(自然科学版),2021,41(3):34-39,74.

[36] Sled Z P, Caflisch A. Protein structure-based drug design: from docking to molecular dynamics[J]. Current Opinion in Structural Biology,2018(48):93-102.

[37] Linenberger K J, Bretz S L. Biochemistry students' ideas about how an enzyme interacts with a substrate[J]. Biochemistry and Molecular Biology Education,2015,43(4):213-222.

[38] 李敏,郭美琪,相伟芳,等.分子对接技术在昆虫化学感受研究中的应用进展[J].植物保护,2019,45(5):121-127.

[39] 张晓尘.姜黄素和黄豆苷与核酸 G-四链体相互作用的研究[D].天津:天津大学,2005.

[40] 苏冠华.临床用药速查手册[M].北京:中国协和医科大学出版社,2009.

[41] 任景,李健,石峰,等.基于片段的药物发现方法进展[J].药学学报,2013,48(1):14-24.

[42] 刘美铄.CRM1 靶向抑制剂对 ENKTL 治疗潜力的研究[D].大连:大连理工大学,2019.

[43] 方浩.药物设计学[M].北京:人民卫生出版社,2016.

[44] 芮亚然,刘维国,李冬玲,等.金不换抗药物依赖有效成分的药效团模型的理论研究[D].北京:中央民族大学,2012.

[45] 葛前建,陈列忠,杜晓华.含吡唑杂环二酰胺类化合物的合成与杀虫活性研究[J].有机化学,2011,31(9):1510-1515.

[46] 秦晋.几类激酶抑制剂的分子模拟研究[D].兰州:兰州大学,2010.

[47] 孙宪强.组胺 H_2 受体激动剂作用机制和新型 EGFR 酪氨酸激酶抑制剂发现研究[D].上海:华东理工大学,2011.

[48] 舒茂.新型氨基酸结构表征方法及其在定量构效关系中应用研究[D].重庆:重庆大学,2009.

[49] Hansch C, Fujita T. ρ-σ-π Analysis. A method for the correlation of biological activity and chemical structure[J]. Journal of the American Chemical Society,1964,86(8):1616-1626.

[50] 胡俊杰.计算化学在抗癌药物研究和原子化能预测中的应用[D].兰州:兰州大学,2008.

[51] Cramer R E，McMaster M R，Bartell P A，et al. Subject competence and minimization of the bystander effect[J]. Journal of Applied Social Psychology，1988，18 (13)：1133-1148.

[52] Klebe G，Abraham U，Mietzner T. Molecular similarity indices in a comparative analysis（CoMSIA）of drug molecules to correlate and predict their biological activity[J]. Journal of Medicinal Chemistry，1994，37(24)：4130-4146.

[53] 路莹莹. 基于深度学习的药物-靶标相互作用预测[D]. 兰州：兰州大学，2019.

[54] González-Díaz H，Prado-Prado F，García-Mera X，et al. MIND-BEST：Web server for drugs and target discovery；design，synthesis，and assay of MAO-B inhibitors and theoretical experimental study of G3PDH protein from trichomonas gallinae[J]. Journal of Proteome Research，2011，10(4)：1698-1718.

[55] 王晶晶. 基于多模态自动编码器的药物:靶标相互作用预测研究[D]. 太原：太原理工大学，2020.

[56] Taylor R D，Jewsbury P J，Essex J W. A review of protein-small molecule docking methods[J]. Journal of Computer-Aided Molecular Design，2002，16(3)：151-166.

[57] 张文艺. 低精度蛋白质与小配体分子对接算法研究[D]. 长春：东北师范大学，2020.

[58] 常珊,陆旭峰,王峰. 蛋白质-配体分子对接中构象搜索方法[J]. 数据采集与处理，2018,33(4):586-594.

[59] Katchalski-Katzir E，Shariv I，Eisenstein M，et al. Molecular surface recognition：determination of geometric fit between proteins and their ligands by correlation techniques[J]. Proceedings of the National Academy of Sciences，1992，89(6)：2195-2199.

[60] Genheden S，Ryde U. The MM/PBSA and MM/GBSA methods to estimate ligand-binding affinities[J]. Expert Opinion on Drug Discovery，2015，10(5)：449-461.

[61] Yu H，Chen J，Xu X，et al. A systematic prediction of multiple drug-target interactions from chemical，genomic，and pharmacological data[J]. PloS One，2012，7 (5)：e37608.

[62] Nagamine N，Sakakibara Y. Statistical prediction of protein-chemical interactions based on chemical structure and mass spectrometry data[J]. Bioinformatics，2007，

23(15):2004-2012.

[63] Wang F，Liu D，Wang H，et al. Computational screening for active compounds targeting protein sequences：methodology and experimental validation[J]. Journal of Chemical Information and Modeling,2011,51(11):2821-2828.

[64] 谢湖均,雷群芳,方文军. 量子力学和分子力学组合方法[J]. 大学化学,2015,30(2):44-49.

[65] Dong J，Wang N N，Yao Z J，et al. ADMETlab：a platform for systematic AD-MET evaluation based on a comprehensively collected ADMET database[J]. Journal of Cheminformatics,2018,10(1):1-11.

[66] Pires D E V，Blundell T L，Ascher D B. pkCSM：predicting small-molecule pharmacokinetic and toxicity properties using graph-based signatures[J]. Journal of Medicinal Chemistry,2015,58(9):4066-4072.

[67] Yang H，Lou C，Sun L，et al. admetSAR 2.0：web-service for prediction andoptimization of chemical ADMET properties [J]. Bioinformatics, 2019, 35（6）：1067-1069.

[68] Schyman P S，Liu R F，Desai V，et al. vNN Web Server for ADMET Predictions [J]. Frontiers in Pharmacology,2017(8):889.

[69] Corey E J，Long A K，Rubenstein S D. Computer-assisted analysis in organic synthesis[J]. Science,1985,228(4698):408-418.

[70] Sun M，Zhao S，Gilvary C，et al. Graph convolutional networks for computational drug development and discovery[J]. Briefings in Bioinformatics,2020,21（3）：919-935.

[71] Salim N，Holliday J，Willett P. Combination of fingerprint-based similarity coefficients using data fusion[J]. Journal of Chemical Information and Computer Sciences,2003,43(2):435-442.

[72] 尤春,胡奔,吴萍,等. 农药的化学信息学分析[J]. 农药学学报,2012,14(5):482-488.

[73] Weininger D. SMILES, a chemical language and information system. 1. Introduction to methodology and encoding rules[J]. Journal of Chemical Information and Computer Sciences,1988,28(1):31-36.

[74] 徐筱杰,侯廷军,乔学斌. 计算机辅助药物分子设计[M]. 北京:化学工业出版社,2004.

［75］ Segler M H S，Waller M P. Neural-symbolic machine learning for retrosynthesis and reaction prediction［J］. Chemistry-A European Journal，2017，23（25）：5966-5971.

［76］ 刘伊迪，杨骐，李遥，等. 机器学习在有机化学中的应用[J]. 有机化学，2020，40（11）：17.

［77］ Liu Y，Yang Q，Li Y，et al. Application of machine learning in organic chemistry ［J］. Chinese Journal of Organic Chemistry，2020，40（11）：3812-3827.

［78］ Liu B，Ramsundar B，Kawthekar P，et al. Retrosynthetic reaction prediction using neural sequence-to-sequence models[J]. ACS Central Science，2017，3（10）：1103-1113.

［79］ Lin K，Xu Y，Pei J，et al. Automatic retrosynthetic route planning using template- free models[J]. Chemical Science，2020，11（12）：3355-3364.

［80］ Becker T，Yang K，Caicedo J C，et al. Predicting compound activity from phenotypic profiles and chemical structures[J]. BioRxiv，2020.

［81］ Liu R，Rizzo S，Whipple S，et al. Evaluating eligibility criteria of oncology trials using real-world data and AI[J]. Nature，2021，592（7855）：629-633.

3 趋势篇

随着人类基因组计划的完成，以及蛋白质组、转录组、代谢组、医药基因组等多组学研究的顺利开展，生物数据呈现爆发式增长并不断积累，生命科学进入大数据时代并推动当前药物研发从实验驱动向数据驱动和新一代人工智能技术驱动转变。本篇主要描述几个主流的用于计算制药研究的数据资源以及目前最先进的人工智能技术在制药流程中的应用情况和发展趋势。

3.1 AI 制药数据库

3.1.1 序列数据库

序列数据库是分子生物信息数据库中最基本的数据库，包括核酸序列数据库和蛋白质序列数据库两类。该类数据库以核苷酸碱基顺序或氨基酸残基顺序为基本内容，并附有注释信息。随着基因组大规模测序计划的迅速开展，序列数据库特别是核酸序列数据库的数据量迅速增长[1]，其中核酸序列数据库的典型代表为 GenBank、DDBJ、EMBL，蛋白质序列数据库的典型代表为 UniPort。

3.1.1.1 GenBank

GenBank 数据库是美国国家生物技术信息中心(National Center for Biotechnology Information，NCBI)检索系统中主要的基因序列数据库，该数据库包含了所有已知的核苷酸序列和蛋白质序列以及相关的文献著作和生物学注释。数据涉及 7 万多个物种，其中 56% 是人类的基因组序列。每条 Genbank 数据记录都包含了对序列的简要描述、科学命名、物种分类名称、参考文献、序列特征表以及序列本身。序列特征表包含对序列生物学特征的注释，如编码区、转录单元、重复区域、突变位点或修饰位点等。所有数据记录被划分在若干个文件里，如细菌类、病毒类、灵长类、啮齿类，以及表达序列标签(expressed sequence tag，EST)数据、基因组测序数据、大规模基因组序列数据等 16 类，其中 EST 数据等又被各自分成若干个文件。GenBank 与日本 DDBJ(DNA Data Bank of Japan)和欧洲分子生物学实验室(European Molecular Biology Laboratory，EMBL)的 DNA 数据库共同构成了国际核酸序列数据库合作组织。这三个组织每天交换数据，因此他们是相等的。数据记录的格式和搜索方式可能不一样，但是序列数据和注解都是一模一样的。GenBank 的网址为 https://www.ncbi.nlm.nih.gov/genbank/。

3.1.1.2 DDBJ

DDBJ 建立于 1984 年，是世界三大 DNA 数据库之一。DDBJ 作为国际核苷酸序列数据库合作组织(The International Nucleotide Sequence Database Collaboration，INSDC)的成员收集核苷酸序列数据，并免费提供核苷酸序列数据和超级计算机系统，以支持生命科学的研究活动，它为生物信息保持提供公共的存档、检索和分析服务。DDBJ 主要向研究者收集 DNA 序列信息并赋予其数据存取号，信息来源主要是日本的研究机构，亦接受其他国家呈递的序列，数据库通过万维网(world wide web，WWW)，匿名 FTP(file transfer protocol，文件传送协议)，E-mail 或 Gopher 方式为广大研究人员服务。DDBJ 通过 SQmateh 工具来搜索基因或蛋白质中短的碱基或氨基酸序列区域，并建立了简便且易操作的 SOAP(simple object access protocol，简单对象访问协议)服务器[2]。DDBJ 的网址为 https://www.ddbj.nig.ac.jp/。

3.1.1.3 EMBL

EMBL 建立于 1980 年,它保存的数据信息是发表在科学文献上序列信息的 2 倍,大量的数据是由主要的测序中心提交的,如 Sanger 测序中心。EMBL 作为欧洲主要的核苷酸序列收集单位,是一个由 20 多个成员国、准成员国和潜在成员国资助的政府间组织。除位于德国海德堡的主要实验室外,EMBL 位于罗马蒙特罗通多的站点还专门研究神经生物学,位于法国格勒诺布尔和德国汉堡的站点则专门研究结构生物学。核苷数据来自基因组测序中心、个别科学家、欧洲专利局,以及与合作伙伴 DDBJ 和 GenBank 交换的数据。EMBL 的宗旨是:从事结构分子生物学及分子医学方面的基础研究;为科学家、学生及访问学者提供高层次的培训;为成员国的科学家提供必需的科研服务;在生命科学领域开发新型的科研仪器及研究方法;积极参与生物技术的转化及应用。EMBL 的网址为 https://www.ebi.ac.uk/。

3.1.1.4 UniProt

UniProt(Universal Protein)是包含蛋白质序列、功能信息、研究论文索引的蛋白质数据库,它整合了包括 EBI(European Bioinformatics Institute)、SIB(The Swiss Institute of Bioinformatics)、PIR(Protein Information Resource)三大数据库的资源。EBI 是 EMBL 实验室的一部分,主要包含基因组学数据;SIB 为瑞士与世界各地的学术界和工业界的科学家和临床医生提供生物信息学服务和资源,主要包含有蛋白质组学工具和数据库;PIR 是由美国国家生物医学研究基金会(National Biomedical Research Foundation,NBRF)于 1984 年建立的,旨在协助研究人员识别和解释蛋白质序列信息。目前,UniProt 主要由以下子库构成(表 3-1)。

UniProt 从 EMBL、GenBank、DDBJ 等公共数据库得到原始数据,这些数据经处理后存入 UniParc 的非冗余蛋白质序列数据库。UniProt 作为数据仓库,再分别为 UniProtKB、Proteomes、UNIRef 提供可靠的数据集,其中在 UniProtKB 数据库中,Swiss-Prot 是由 TrEMBL 经过手动注释后得到的高质量非冗余数据库(图 3-1)。UniProt 的网址为 https://www.uniprot.org/。

表 3-1   UniProt 各个子库

数据库名	全名	用途
UniProtKB/ Swiss-Prot	Protein Knowledgebas (review)	高质量的、手工注释的、非冗余的数据库
UniProtKB/ TrEMBL	Protein Knowledgebase (unreview)	自动翻译蛋白质序列,预测序列,未验证的数据库
UniParc	Sequence	非冗余蛋白质序列数据库
UniRef	Sequence Clusters	聚类序列减小数据库,加快搜索的速度
Proteomes	Protein Sets from Fully Sequenced Genomes	为全测序基因组物种提供蛋白质组信息

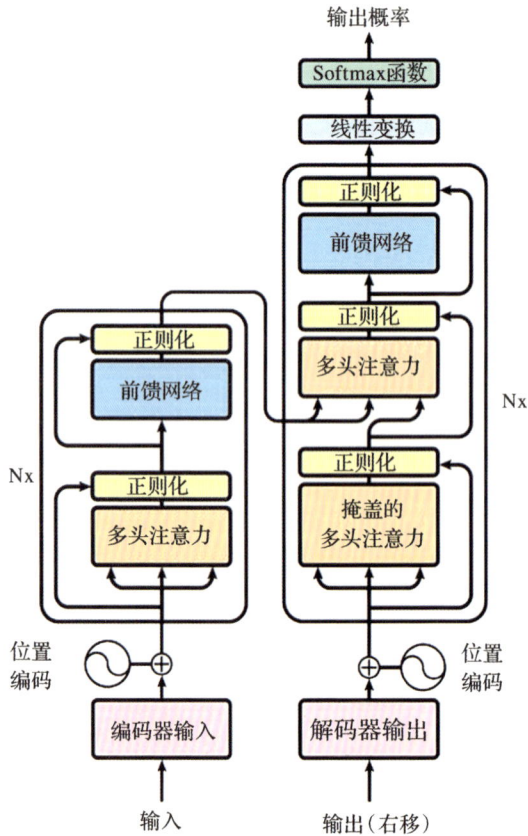

图 3-1   Transformer 结构[3]

3.1.2　结构数据库

生物大分子三维空间结构数据库是一类重要的生物信息学数据库。蛋白质结构数据库(Protein Data Bank,PDB)创建于 1971 年,是目前国际上最著名、最完整的蛋白质三维结构数据库。另外,著名的结构数据库还有 CATH(Class-Architecture,Topology-Homology)和 SCOP(Structural Classification of Proteins)。其中,CATH 是对已知蛋白质结构分类的数据库,由英国伦敦大学开发和维护;SCOP 是由英国医学研究委员会分子生物学实验室和蛋白质工程研究中心开发的基于 Web 的蛋白质结构分类、检索和分析系统。

3.1.2.1　PDB

PDB 由美国布鲁克海文(Brookhaven)国家实验室创建,由结构生物信息学研究合作组织维护。它是所有生物学和医学领域第一个开放访问的数字数据资源。

PDB 提供对大型生物分子的 3D 结构数据的访问,包括蛋白质、多糖、核酸、病毒等的三维结构数据。这些数据主要是通过 X 射线单晶衍射、核磁共振、电子衍射等实验手段确定的。数据内容以生物大分子的空间原子坐标、参考文献、一级和二级结构信息为主,同时也包括晶体结构因数以及 NMR(Nuclear Magnetic Resonance)实验数据等。其数据结构有以关键字 SEQRES 作为显式标识的显式序列信息与以包括原子名称和原子三维坐标的立体化学数据为主的隐式序列信息两类。PDB 允许用户用各种方式以及布尔逻辑组合(AND、OR 和 NOT)进行检索,可检索的字段包括功能类别、PDB 代码、名称、作者、空间群、分辨率、来源、入库时间、分子式、参考文献、生物来源等项。PDB 的愿景是开放获取生物大分子 3D 结构、功能和进化的知识积累,拓展基础生物学、生物医学和生物技术的前沿。PDB 的网址为 https://www.rcsb.org/。

3.1.2.2　CATH

CATH 数据库由英国伦敦大学的 Christine Orengo 教授及其同事于

1993 年创建。作为一个免费的、公开可用的在线资源,该数据库面向全球提供有关蛋白质结构域进化关系的信息。CATH 从蛋白质数据库 PDB 下载实验确定的蛋白质三维结构并基于结构采取人工和程序混合的方式对其进行分类。目前 CATH 已为 PDB 中 10 多万个蛋白质结构所涉及的 30 多万个结构域进行了结构分类,这些分类可以归入 2700 多个蛋白质超家族中。

CATH 的名字 C、A、T、H 来源于数据库中四种结构分类层次的首字母。所有蛋白质结构域在 CATH 中被首先分成 4 种 Class,即 C 代表蛋白质种类。四种 Class 分别是全 α 型、全 β 型、α+β 型、低二级结构型。每一个 Class 中的结构域又被具体分为不同的 Architecture,即 A 代表蛋白质二级结构构架。该层是按照螺旋和折叠所形成的超二级结构排列方式分类的。每种 Architecture 中的结构域又可以根据二级结构的形状和二级结构间的联系进一步分为不同的 Topology,即 T 代表蛋白质拓扑结构。最后再通过序列比较以及结构比较确定同源性分类,划分出不同的 Homologous Superfamily,即 H 代表蛋白质同源超家族。结构分类是以结构域为单位进行的,而不是针对整个蛋白,所以 PDB 中的一个蛋白质结构可能对应 CATH 中多个结构域分类。CATH 的网址为 http://www.cathdb.info/。

3.1.2.3 SCOP

SCOP 数据库建立于 1994 年,由英国医学研究委员会(Medical Research Council,MRC)分子生物学实验室和蛋白质工程研究中心开发维护,可以通过 MRC 实验室的网络服务器查询。SCOP 与 CATH 类似,也属于对已知蛋白质结构分类的数据库,旨在详细、全面地描述蛋白质之间的结构和进化关系,其分类主要依赖于人工验证。

SCOP 数据库按照从简单到复杂的顺序将蛋白质分为 4 类,分别是种类(Class)、折叠类型(Fold)、超家族(Superfamily)、家族(Family)[4]。目前 SCOP 已经更新至 1.75 版本,该版本共包含 162,150 个蛋白质结构(表 3-2)。SCOP 的网址为 http://scop.mrc-lmb.cam.ac.uk/。

表 3-2　SCOP 数据库 1.75 版本的统计信息

蛋白质种类 (Class)	折叠子数目 (Fold)	超家族数目 (Superfamily)	家族数目 (Family)
全 α-螺旋蛋白	284	507	871
全 β-折叠蛋白	174	354	742
α-螺旋和 β-折叠	147	244	803
α-螺旋＋β-折叠	376	552	1,055
复合结构域蛋白	66	66	89
膜蛋白	58	110	123
小蛋白	90	129	219
总和	1,195	1,962	3,902

3.1.3　相互作用数据库

正确地发现和注释细胞中的所有功能性的相互作用关系，能够提高对细胞的功能理解，有利于相关药物的深入研究。近年来，尽管实验观测和计算机预测技术都有了显著的进步，但是由于蛋白质相互作用的信息工程量太大，实验结果并不理想。为了对蛋白质相互作用有更准确的认识，目前已经建立了许多蛋白质相互作用数据库，如 STRING、InBio-Map、BioGRID。

3.1.3.1　STRING

STRING(Search Tool for the Retrieval of Interacting Genes/Proteins)数据库是一个在线搜索已知的蛋白质相互作用关系的数据库，其相互作用包括直接(物理)和间接(功能)关联。这些相互作用主要来源于基因组上下文预测、高通量实验室实验、共表达、自动文本挖掘以及以前的数据库知识。目前 STRING 已经更新到 11.5 版本，共涵盖来自 5,090 个生物体的 24,584,628 种蛋白质。该数据库通过输入蛋白质名称或者蛋白质序列进行查询，当我们输入的是单个蛋白质名称时，数据库会输出与该蛋白质相互作用的所有蛋白的相互作用关系图;当我们输入的是多个蛋白质名称或者序列时,数据库会输出输入蛋白质之间的相互作用关系图。

STRING 数据库完全是预先计算好的,无论是在高层次的网络中,还是单个相互作用关系记录的界面,所有的信息都可以被迅速获取。同时,它还支持单独选择各种证据类型,这样能够在运行的时候进行定制搜索,也会有专门的查看器来对所有的关联证据进行查看。因此,STRING数据库常被用于快速、初步地获取需要查询的蛋白质的功能合作伙伴,尤其是对那种没能很好表征的蛋白质。STRING 的网址为https://www.string-db.org/。

3.1.3.2 InBioMap

InBioMap 是蛋白质-蛋白质相互作用数据库,号称是最全面的蛋白相互作用数据库,提供了人类相互作用蛋白的高覆盖率图。该数据库的用法简单,搜索时根据基因名即可。如果要指定物种,只需在后面加入"_ HUMAN"。例如,"INS_HUMAN"即为检索人 INS 基因。以"INS_ HUMAN"为例,其结果是以网络图的形式呈现的(图 3-2)。InBioMap 的网址为 https://www.intomics.com/inbio/map/♯home。

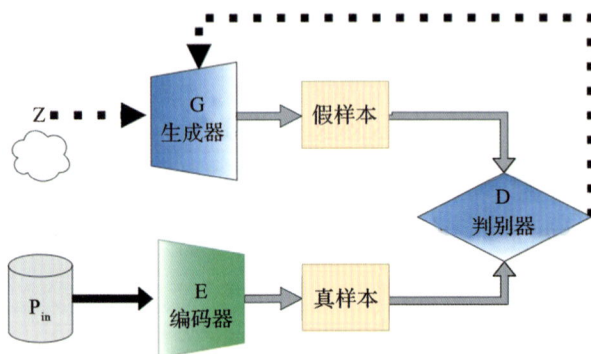

图 3-2 生成式对抗网络结构示意图

3.1.3.3 BioGRID

BioGRID 数据库是一个经典的蛋白质相互作用数据库,最新版本为

4.4.202。该版本从 78,081 篇文献中整理出了 2,285,361 种蛋白质和基因相互作用、29,417 种化学相互作用以及 1,128,339 个转录后修饰信息，涵盖了多个物种。

用户可免费下载所有的数据，或者通过查询网站获得感兴趣蛋白质的相互作用信息。查询结果展示的每对相互作用均带有易于研究者识别的注释信息，如物种、实验方法和发表的文献等。BioGRID 数据库自带可视化工具，通过手动设置过滤参数，如相互作用类型、支持证据的数目等，可以对相互作用网络进行重新绘图和排列。BioGRID 的网址为 https://thebiogrid.org/。

3.2　AI 制药算法

数据库中的数据需要通过算法来产生价值，平台没有算法的集成，那它也只是个无用的空壳。算法是计算制药的核心，一种优秀的 AI 算法的诞生，往往会给制药产业带来翻天覆地的变化。下面我们将列举一些 AI 制药领域的前沿算法，如 Transformer、生成式对抗网络、图神经网络、强化学习、三维卷积神经网络，并阐述其在制药领域的具体应用。

3.2.1　Transformer

由 3.1 可知，序列数据是药物大数据的重要组成部分，而大多数序列转到模型是基于 RNN 的。由于此类模型在制药领域的表现并不如人意，如在对较长的核苷酸序列进行预测分析时，往往会产生长期记忆问题。Transformer 的出现改变了这一情况，它完全基于 Attention 机制，能够记住更长距离的信息。

Transformer 本质上是一个 Encoder-Decoder 结构，模型由 Encoder 和 Decoder 堆叠而成（图 3-1）。Encoder 负责将输入（如语言序列）映射到隐藏层，Decoder 负责将隐藏层映射为自然语言序列。

Attention 是 Transformer 的核心，它允许对输入输出序列的依赖项进行建模,而无需考虑它们在序列中的距离。由于 Transformer 模型没有 RNN 的迭代操作,所以我们必须将每个字的位置信息提供给 Transformer,这样它才能识别出语言中的顺序关系。我们需要定义一个位置嵌入(positional encoding)来确定语言中的顺序关系。通过该操作,每个位置都会产生唯一的纹理位置信息,使得模型学习到位置之间的依赖关系和自然语言的时序特性。Transformer 凭借其强大的性能,已经在制药领域有了不少的应用成果。

2020 年 4 月,浙江工业大学智能制药研究院的段宏亮[5]教授研究团队利用基于迁移学习策略的 Transformer 模型进行 Heck 反应预测,突破性地解决了有限数据预测的难题,为后续的人工智能辅助化学研发提供了重要的现实依据。

2020 年 5 月,中国科学院上海药物研究所药物研究国家重点实验室、中国科学院大学和上海科技大学的研究人员提出了一个名为 TransformerCPI[6]的新型 Transformer 神经网络进行化合物-蛋白质相互作用(compound-protein interactions,CPI)识别。该模型可以根据权重突出蛋白质序列和化合物原子的重要相互作用区域,这可能有助于化学生物学研究,为进一步的配体结构优化提供有用的指导。

2020 年 7 月,中山大学药学院药物分子设计研究中心的徐峻团队和广东省再生医学实验室的陈红明团队联合开发了 SyntaLinker[7]程序。该程序利用带约束 Transformer 神经网络自动组装药物分子片段,当给定始点和终点的分子片段、片段之间的间隔空间时,模型就可以根据从 ChEMBL 数据库中提取的子结构片段数据,求出所有可能的链接片段,来生成符合条件的将两个端点片段组装起来的分子。

2020 年 11 月,Tetko I V 和 Karpov P 等[8]使用 Transformer 架构,应用化学反应的类文本表示法(SMILES)研究了不同的训练场景对预测化学化合物的逆合成的影响。研究表明,数据增强是一种用于图像处理的强大方法,它消除了神经网络的数据记忆效应,并且提高了其预测新序列的性能。

3.2.2　生成式对抗网络

生成式对抗网络（generative adversarial networks，GAN）是一种深度学习模型，由 IanGoodfellow 于 2014 年提出，是近年来复杂分布上无监督学习最具前景的方法之一（图 3-2）。GAN 启发自博弈论，模型中的两位博弈方分别由生成式模型（generative model）和判别式模型（discriminative model）充当。生成式模型 G 捕捉样本数据的分布，用服从某一分布（均匀分布、高斯分布等）的噪声 Z 生成一个类似真实训练数据的样本，追求效果是越像真实样本越好；判别式模型 D 是一个二分类器，估计一个样本来自于训练数据（而非生成数据）的概率，如果样本来自于真实的训练数据，D 就输出大概率，否则 D 输出小概率。通过生成式模型 G 和判别式模型 D 之间的不断博弈，使 G 学习到数据的分布，训练完成后，G 就可以用来生成逼真的样本。

2015 年，Makhzani A 等[9]提出了一种 GAN 的变体，该模型使用期望的药物性质作为条件训练模型来产生分子指纹，在临床试验中测试了这些新型药物组合的有效性，这对未来药物的研发具有指导意义。

2021 年 3 月，立陶宛维尔纽斯大学和瑞典查尔默斯理工大学共同开发了工具 ProteinGAN[10]。该工具用于处理和学习不同的天然蛋白质序列，并利用获取的信息来生成新的功能蛋白序列。该工具的生成速度很快，不仅减少了非功能蛋白序列的实验消耗，而且有效保证了蛋白质的活性。

3.2.3　图神经网络

2005 年 Gori 提出了图神经网络（graph neural networks，GNN）的概念，2009 年 Scarselli 在其论文中对 GNN 做了进一步阐述。GNN 用于处理图域中表示的数据，每个节点由自身特征及相连节点的特征来定义，其目标是以图结构数据和节点特征作为输入，学习包含节点邻域信息的状态嵌入向量（embedding）。其网络结构如图 3-3 所示。

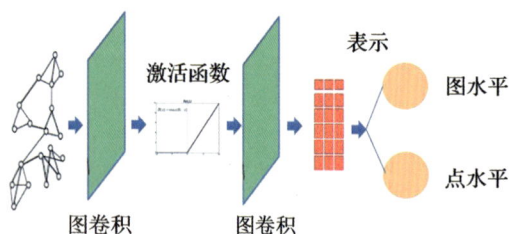

图 3-3　图神经网络结构示意图

GNN 分为五种类型,分别是图卷积网络(graph convolutional network,GCN)、图注意力网络(graph attention network,GAN)、图自动编码器(graph autoencoder,GAE)、图生成网络(graph generation network,GGN)、图时空网络(graph space-time network,GSTN)。GCN 将传统数据的卷积算子泛化到图数据,其关键是学习一个函数 f 去结合邻居节点的特征及其本身特征和来生成该节点的新表示。GAN 与 GCN 类似,致力于寻找一个聚合函数来融合图中相邻的节点,学习一种新的表示,其关键在于使用了注意力机制,为更重要的节点分配了更大的权重。GAE 通过编码器学习一种低维节点向量,然后通过解码器重构图数据。GGN 在给定图经验分布下,从数据中生成合理的结构,常用于发现具有一定化学和物理性质的可合成的新分子。GSTN 从时空图中学习不可见的模式,其核心是同时考虑空间依赖性和时间依赖性。

2019 年,Jaechang Lim 等[11]提出了一种使用 GNN 预测药物-靶标相互作用的新型深度学习方法。该方法引入了一种距离感知图注意力算法来区分各种类型的分子间相互作用并直接从蛋白质-配体结合位点的三维结构信息中提取分子间相互作用的图形特征。该方法可以学习准确预测药物-靶标相互作用的关键特征,而不仅仅是记住配体分子的某些模式。在虚拟筛选和模式预测方面,该模型显现出比分子对接和其他深度学习方法更好的性能,并可以很好地再现活性分子和非活性分子的自然分布。

2020 年,湖南大学林轩[12]团队提出了一种知识图神经网络(knowledge graph neural network，KGNN）来预测药物与药物的相互作用（drug-drug-interaction，DDI）。该网络根据 DDI 数据集构建了相应的知识图谱来提取药物的特征及其相关实体的邻域结构信息，并输出药物的潜在表示及其当前药物对之间的邻域拓扑信息。KGNN 优于经典和先进的 DDI 预测模型，能有效地识别潜在 DDI，尽可能地避免发生意外的不良药物反应，对在临床治疗中最大限度发挥药物协同效应起着重要的作用。

2021 年 5 月，Deng D 等[13]提出了一种基于 GNN 提取特征的分子特性预测模型 XGraphBoost。该模型完全继承了基于 GNN 的自动分子特征提取和基于 XGBoost 的性能准确预测的优点，在分类和回归问题上表现出了对各种分子特性有效、准确预测的优秀性能。

3.2.4　强化学习

强化学习（reinforcement learning，RL）是智能体（agent）在不断与其所处环境（environment）交互中进行学习的一种方法。在这种方法中，智能体通过"尝试与试错"和"探索与利用"等机制在所处状态（state）下采取行动（action），不断与环境交互，直至进入终止状态，根据在终止状态获得的奖惩来改进行动策略，序贯完成决策任务。强任学习的整体流程如图 3-4 所示。

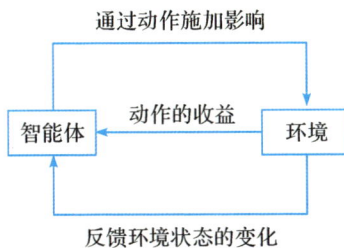

图 3-4　强化学习的整体流程

在强化学习中，学习信号以奖励形式出现，智能体在与环境交互中去取得最大化收益。这种学习方式既不是从已有数据出发，也不是依赖于已有知识的学习方式,而是如"白纸绘蓝图",让智能体通过尝试去学会知识。

2018 年,Popova M 等[14]在深度学习和强化学习方法的基础上,集成了两个深度神经网络,设计了一种称为 ReLeaSE 的用于从头设计具有所需特性的分子的新型计算策略。该策略使用 SMILES 字符串作为分子的表示形式,生成模型通过 Stack-Augmented RNN 进行训练,以生成化学结构合理的 SMILES 字符串。它不仅能够生成新颖的指定属性的化合物库,而且能有效避免传统从头开始分子设计方法一直以来存在的生成的化学分子不具有化学可及性的问题。

2019 年,Zhou Z 等[15]提出了一个 MolDQN(Molecule Deep Q-Networks)框架,通过结合化学领域知识和先进的强化学习技术来进行分子优化。该框架直接对分子进行修改来保证分子 100% 的化学有效性,而且在任何数据集上都不进行预训练,以避免出现可能的偏差。

2020 年,Gottipati S K 和 Sattarov B 等[16]提出了一种由强化学习支持的正向合成模型,名为正向合成的策略梯度(policy gradient for forward synthesis,PGFS)。该模型能够应对多步虚拟化学合成的巨大离散作用空间,并使分子生成偏向最大化黑盒目标函数的化学结构,从而在该过程中生成完整的合成路线。它将合成知识直接嵌入新药设计中,使我们能够将搜索限制在合成可及的路线上,并在理论上保证该算法提出的任何分子都可以轻松生成。

3.2.5 3D 卷积神经网络

卷积神经网络(CNN)在图像识别领域得到了有效的应用之后,三维卷积神经网络(3DCNN)也被提出,并在物体识别中显示出较高的准确率。3DCNN 在 CNN 的基础上增加一个 depth 维度,即输入维度变为(height,width,depth)。同样地,卷积核也增加一个维度,用于不同层的同一位置的感受野做卷积操作。3DCNN 在生物制药学领域的应用十分广泛,如蛋白结合位点检测和蛋白配体结合亲和力预测。图 3-5 是一个3DCNN 的网络框架,包括 1 个隐藏层、3 个卷积层、2 个池化层和 1 个全连接层[17]。

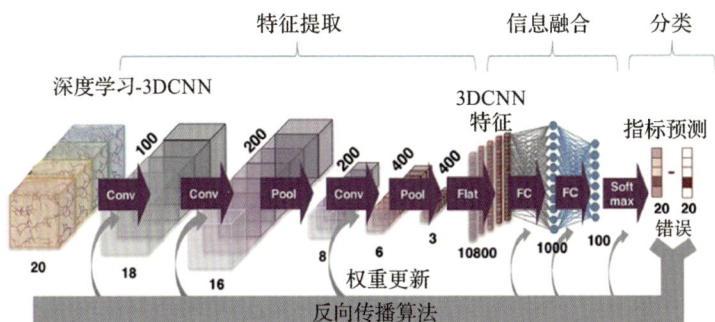

图 3-5 基于微环境的 3DCNN 网络架构[17]示意图

2020 年 1 月,江南大学张瑞林[18]团队利用 3DCNN 来区分中枢神经系统(central nervous system,CNS)药物和非中枢神经系统(non-CNS)药物。他们构建了 CNS 药物与 non-CNS 药物数据集,然后利用 3D 网格表示优化后的药物小分子数据,并把它作为 3DCNN 的输入,接着利用正交实验法设计模型的多个超参数组合并确定最优组合,最终建立可靠的用于识别 CNS 药物小分子的 3DCNN 模型。2021 年 1 月,厦门大学、湖南大学和德睿智药团队[19]提出了一种基于分子几何学的新型深度神经网络结构 Drug3D-Net。该网络是一种基于网格的三维卷积神经网络,具有时空门注意力模块。该模型使用 3Dgrid 描述符作为模型输入,通过堆叠的 3DCNN 和时空门注意力层得到分子的 3Dgrid 特征表示,并用于分子性质以及生物活性的预测。

3.3 AI 制药平台工具

相较于传统的开发模式,一个好的技术平台可以提高 50% 的开发效率,而且能够适应企业后续的信息化发展需求。下面将介绍当前药物研发领域主要的技术平台,力图从科学和实用的角度来描述这些平台,包括其技术原理、重要性和应用范围等。主要的平台有国外的 AIphaFold2、RoseTTAFold、TorchDrug,以及国内的华为云盘古、百度百图生科等。

3.3.1 AlphaFold2

AlphaFold 和 AlphaFold2 是在第 13 次（CASP13）和第 14 次（CASP14）蛋白质结构预测大赛中涌现出的由 DeepMind 开发的人工智能算法。其中,AlphaFold2 在 CASP14 中得到了接近 90 分的成绩,以绝对优势占据头名。该成绩相较于之前的若干届比赛有了极大的提升(图3-6)。AlphaFold2 对几乎所有的蛋白质都预测出了正确的拓扑学结构,其中有大约 2/3 的蛋白质预测精度达到了结构生物学实验的测量精度,被誉为"解决了五十年来生物学的大挑战"。

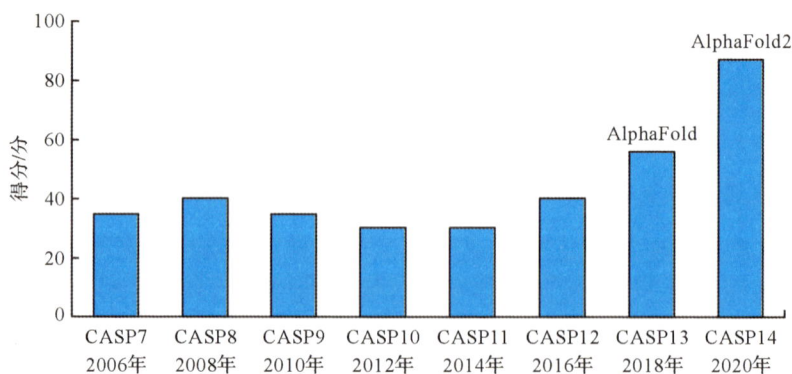

图 3-6　2006—2020 年蛋白质结构预测大赛最佳结果

AlphaFold2 网络由神经网络 EvoFormer 和结构模块两个主要部分组成[20]。EvoFormer 通过将图网络和多序列比对结合来完成结构预测。图网络通过新颖的注意力机制将蛋白质的相关信息构建出一个图表,以此表示不同氨基酸之间的距离。该信息会与多序列比对结合,从而推断出不同蛋白质在结构和功能上的相似关系。EvoFormer 模块将计算出的氨基酸关系与多序列比对进行信息交换,能够直接推理出空间和进化关系的配对表征。随后的结构模块以蛋白质的每个残基的旋转和平移的形式引入了显式的 3D 结构。这些表征能够快速开发和完善具有精确原子细节的高度准确的蛋白质结构。这部分网络打破了链原子结构,能够同时局部细化结构的所有部分,并允许网络隐式地推理未表示的侧链原子,以及损失项可对残基方向的正确性赋予重要权重。通过此方法,即使在未知相似结构的情况下,人工智能也可以在原子层面精确预测蛋白质结构。

目前,AlphaFold 数据库中大约有 36.5 万个结构预测结果,并在 2021 年底预测数量将进一步增加到 1.3 亿个,即人类已知蛋白质总数的一半。同时,DeepMind 还计划把这项工作推广到其他 20 种关键生物体中,把目前已知的 1 亿多条蛋白质结构都预测出来,构建成一个数据库,与全球科学家免费共享。虽然 AlphaFold2 在小分子、孤儿基因、全自动化、多聚体等方面的能力还有待考证,但其高准确度的预测能力和原子级的预测精度无疑能在未来加速药物生物医学的研究。

3.3.2　RoseTTAFold

2021 年 7 月 15 日,美国华盛顿大学蛋白设计研究所的 David Baker 教授课题组及其他合作机构在《科学》(Science)上公布了其开源蛋白质预测工具 RoseTTAFold[21] 的研究结果。作为与 AlphaFold2 同时期推出的新平台,RoseTTAFold 对运算资源的要求低得多,能够满足平民化的要求。虽与 AlphaFold2 在预测精度上还有一定差距,但其预测准确性依然很高,在 CASP14 评估中得到了 73.2 分的亮眼成绩。

从结构上来看,RoseTTAFold 是一个三轨(three-track)神经网络,意味着它可以兼顾蛋白质序列的模式、氨基酸如何相互作用以及蛋白质可能的三维结构。在这种结构中,一维氨基酸序列信息、二维距离图和三维坐标之间来回流动,使网络能够共同推理序列内部和相互之间的关系、距离和坐标。

此外,RoseTTAFold 也具有一定的实用性,它能够辅助 X 射线晶体学和低温电子显微镜进行实验结构测定,在没有实验结构的情况下提供对蛋白质功能的洞察,同时快速生成蛋白质-蛋白质复合物的精确模型,并在所有情况下,预测模型都与真实结构具有足够的结构相似性。综合来看,RoseTTAFold 能以较少的资源占用来预测出较高蛋白复合物的精度,这使得它在蛋白质预测工作中占据一定优势。

3.3.3 TorchDrug

TorchDrug 由加拿大蒙特利尔学习算法研究所(Montreal Institute of Learning Algorithms,MILA)的唐建教授团队开源,是一个涵盖图机器学习(包括图神经网络、几何深度学习和知识图谱)、深度生成模型以及强化学习等技术的通用型药物发现和设计的机器学习平台。作为一个建立在开源机器学习库上的深度图表示学习工具箱,TorchDrug 整合了分子性质预测、分子从头设计和优化、反应预测、逆合成以及分子重定向等多个任务集,在通用性、应用性以及可扩展性等方面具有明显的优势。

该平台具备的功能有:①面向机器学习社区,提取了大部分领域知识并提供了基于张量的接口,允许用户使用张量代数和机器学习运算来控制生物医学对象。②通过平台拥有的大量数据集和搭建模块,为用户提供了实现标准模型高度可扩展性平台,以促进模型设计的探索。③提供了热门深度学习架构的系统对比,其基准测试结果预计将跟随新模型的进步以激发新的研究方向。④具备可扩展的特性,可加速多个 CPU 或 GPU 进行的训练和推理,仅需一行代码,即可让用户在 CPU、GPU 或分布式设置之间无缝切换(图 3-7)。

属性预测	预训练的分子表征	分子设计与优化
反应预测	生物医药知识推理	蛋白质表示学习

图 3-7 TorchDrug 功能示意图

3.3.4　国内平台

国内人工智能(AI)药物研发正蓬勃发展,研究人员正在积极地探索以 AI 技术为基础的新药发现新范式。华为、百度等公司也一直将其强大的 AI 能力赋能于制药领域。

华为云盘古药物分子大模型于 2021 年 4 月发布,包括自然语言处理大模型、计算机视觉大模型、多模态大模型和科学计算大模型。该模型由华为云联合中国科学院上海药物研究所共同训练而成,旨在帮助医药公司提升 AI 辅助药物研发的效率。华为云盘古药物分子大模型学习了 17 亿个药物分子的化学结构,在药物生成方面实现了对小分子化合物的独特信息的深度表征、对靶点蛋白质的计算与匹配,以及对新分子生化属性的预测,从而高效生成药物新分子;在药物优化方面,该模型实现了对筛选后的先导药进行定向优化。华为云盘古药物分子大模型具备以下四大技术和创新能力:①针对化合物表征学习提出了全新深度学习网络架构。②进行了超大规模化合物表征模型的训练。③生成了拥有 1 亿个新化合物的数据库。④在 20 余项药物发现任务上实现性能最优。华为云盘古药物分子大模型在多项任务中取得了领先的预测准确度,包括化合物-靶标相互作用预测、化合物 ADME/T 属性评分、化合物分子生成与优化等,实现了一个大模型赋能药物发现全链条任务。当下,华为云盘古在多个方向与科研机构开展合作,以期望进一步打造更优质的技术平台和更高效的模型框架来助力新药研发。

百度于 2020 年 9 月 25 日创立中国首家生物计算引擎驱动的生命科学公司——百图生科。在"百图"名字中,"百"代表着人类长久以来梦想百岁健康,也体现着公司基于百度 AI 底层能力打造生物计算平台的渊源;"图"则源自"按图索骥",希望在急剧增长的生物数据时代,为行业提供更好的生物地图("BioMap"的由来)。百图生科的发展分两步:第一阶段,利用前沿 AI 技术构建完整的生物计算平台,与提供新的数据轴和新的数据分析、药物设计工具的初创企业和研究机构携手,构建生物计算生态,为生命科学企业和科研用户提供丰富的工具能力和完整的解决方案。第二阶段,深度参与或主导发起新型精准药物和精准诊断产品的研发,为社会贡献极具创新性的精准生命科学产品。

此外,阿里巴巴、腾讯、字节跳动等公司都纷纷进军 AI 制药领域,并已完成了相关布局,取得了一定的进展(表 3-3)。我们希望通过打造中国自主研发的制药综合平台,运用 AI 加速药物的研发,缩小与欧美发达制药产业之间的差距。

表 3-3　互联网企业 AI 制药相关布局及进展

企业	AI 制药相关布局	相关进展
腾讯	云深智药	在 LBDD、ADMET 属性预测领域取得突破性进展
华为	华为云 EIHealth	布局临床前药物研发阶段
阿里巴巴	阿里云	与全球健康药物研发中心合作
百度	百图生科	打造 LinearFold 算法
字节跳动	AI Lab	位于北京、上海、美团三地的团队开始招揽 AI 制药领域人才

3.4　AI 制药案例

AI 对制药上游的革命已经发生。随着对 AI 的重视程度不断加深,投资规模不断扩大,药企研发力度不断增强,AI 正在不断渗透到制药的各个方面。将 AI 运用到制药领域,我们可以快速筛选药物,提高配体精确度,准确预测结构和功能,从而加快整个药物研发流程,寻求计算制药更多的可能性。下面是几个 AI 制药企业最新前沿的技术进展,能反映当下业界重点布局的方向和深入研究的领域。

3.4.1　21 天完成"AI 药物发现"挑战

从选择一个靶点,到形成潜在的新药候选分子,这个过程需要多长的时间？过去可能是数个月，乃至数年，但是现在我们仅仅需要 21 天！

2019 年 9 月，Insilico Medicine 创始人 Alex Zhavoronkov 及其同事在《自然生物技术》(*Nature Biotechnology*)上发布了一个深度生成模型——生成式张量强化学习(generative tensorial reinforcement learning, GENTRL[22])。该 AI 系统完成了制药领域的"定时挑战"，在 21 天内设计出了 6 个新的 DDR1(一种与组织纤维化疾病密切相关的酪氨酸激酶)抑制剂。在这 6 种新药候选化合物中，4 种化合物在生化分析中具有活性，2 种化合物在体外细胞实验中展现了预期的 DDR1 抑制能力，其中 1 种化合物进入临床前的动物实验。

为了寻找到潜在的 DDR1 抑制剂，研究人员开发了一种使用了强化学习技术的新算法。具体来看，该算法的训练用到了多个不同的数据库，其中最大的一个数据库包含海量的分子结构，其他数据库则分别为已知的 DDR1 抑制剂及其 3D 结构、具有激酶抑制剂活性的常见分子、无法靶向激酶结构的分子，以及已被医药企业申请专利的分子。在对数据库进行优化之后，研究人员基于强化学习，初步得到了大约 3 万个不同的结构。随后，他们又根据反应基团与化学空间等指标，对所得到的结构做了进一步的优化。在实际检验这些分子的成药潜力时，研究人员从筛选结果中随机挑选出了 40 个结构，根据合成的难易程度挑选出 6 个分子，用作后续的体外与体内实验，其中的一个分子在动物实验中表现出了较高的活性。整个过程耗时 46 天，这一速度要比传统制药公司的药物研发过程快 15 倍。

3.4.2 AI 首次发现超级抗生素

最早的抗生素是青霉素，于 1928 年由英国伦敦圣玛丽医院工作的细菌学家弗莱明发现。青霉素能够以较小的剂量来有效地治疗细菌感染性疾病，在第二次世界大战中挽救了无数士兵和平民的生命。此后，新的抗生素被不断发现和使用，出现在各种针对细菌、病毒、寄生虫甚至抗肿瘤的药物之中。

然而,抗生素的过度使用和细菌本身的进化选择带来了抗生素耐药性问题。对抗生素具有耐药性的细菌群体正在不断扩大,如果放任超级细菌的进一步发展,那么不但会极大地增加医疗成本,甚至可能导致目前易于治疗的轻微病症转变成高致死率的危险病症。2017 年 9 月世界卫生组织发布的一份报告指出,抗生素耐药性问题已严重危害现代医学的进展,目前急需加大对抗生素耐药感染研究与开发的投资,否则世界将被迫回到因常见感染而导致小手术致人死亡的年代。面对这一情况,业界开始研发超级抗生素以应对超级细菌危机。

2020 年 2 月 20 日,由美国麻省理工学院合成生物专家 Jim Collins[23]领导的研究团队通过一种开创性的机器学习方法发现了一种结构上与传统抗生素不同的超级抗生素,并登上了《细胞》(*Cell*)的封面。该方法在没有使用人类任何假设的情况下,短短几天从超过 1 亿个分子的库中筛选出了该超级抗生素。小鼠实验表明,该抗生素不仅可以有效对抗广谱病原体(艰难梭菌菌株、鲍曼不动杆菌和结核分枝杆菌等),而且展现了较低的毒性和很强的抵抗力。

美国麻省理工学院的这项研究既提高了化合物鉴定的准确性,又降低了筛选工作成本,对于人类研究抗生素药物是一个里程碑式的进展。以色列理工学院的生物学和计算机科学教授 Roy Kishony 表示:这项开创性的研究,标志着抗生素发现乃至更普遍的药物发现发生了范式转变。

3.4.3 AI 算法准确预测 RNA 三维结构

序列决定结构,结构决定功能,这是结构生物学领域的基本法则。对于现代生物学和新药研究,确定生物大分子的三维结构对其功能理解、新药研发具有重要意义。以 RNA 作为靶点,可以极大地丰富药物靶点的选择,为药物研发带来新的变革。从理论上讲,只要知道致病基因序列,设计与致病序列互补的 RNA,就可从源头控制致病蛋白的翻译表达,达到治疗疾病的目的。

然而科学家对 RNA 复杂多样的结构并不十分了解,即使在科技高度发达的今天,人类对 RNA 分子三维立体结构的认知仍旧处于起步阶段。幸运的是,人们在 RNA 三维结构领域终于取得了突破性进展。2021 年 8 月,美国斯坦福大学博士生 Stephan Eismann 和 Raphael Townshend 在计算机副教授 Ron Dror 的指导下,利用目前先进的神经网络技术,成功开发出了一种全新 RNA 三维结构预测模型——ARES[24]。该模型采用原子坐标作为输入数据,而不包含 RNA 结构的空间特征。通过不断调整参数,能够使模型了解每个原子的功能和空间排列,在识别碱基配对规则、RNA 螺旋最佳几何形状以及三维空间结构的基础上进行 RNA 结构预测。最终,研究人员仅用了 18 个已知 RNA 三维结构,就成功训练出了 ARES。随后的研究结果表明,ARES 虽然仅由 18 个 RNA 结构训练而来,但是它同样可以准确预测其他复杂 RNA 的三维空间结构,且准确性显著优于既往的模型。

3.4.4 AI 助力基因药物的研发

基因药物的出现与基因工程技术的发展息息相关,而其中的基因治疗是当下的研究热点。基因治疗是指用分子生物学手段,将核酸导入患者体内,使其表达基因产物,或对患者基因进行编辑,从而达到治疗疾病的一种手段。

在基因编辑方面,科学家们经常需要使用用于将特定碱基转换为另外一种特定碱基的高效精确的碱基编辑器(base editor,BE)。然而编辑部位上下文序列对编辑的影响尚不明确,有可能导致大量无法预测的脱靶,其带来的风险安全问题直接关系到基因编辑是否能够成功、相关药物能否进入临床。

2021 年 8 月 12 日,Yuan T[25]等人发布了一个具有高效率和保真度的工程化工具 C-to-G BE,其序列上下文可通过机器学习方法进行预测。他们通过改变尿嘧啶-DNA 糖基化酶和脱氨酶的相对位置,以及密码子优化,获得了优化的 C-to-G BEs(OPTI-CGBEs),以实现高效的 C-to-G 转换。然后使用包含 41,388 个序列的 sgRNA 库开发了一个深度学习模型，用于准确预测具有特定序列上下文的目标位点的 OPTI-CGBEs 编辑结果。

2021 年 8 月 25 日，来自瑞士苏黎世大学的研究人员建立了一种基于注意力的深度学习算法 BE-DICT[26]，该算法能够高精度地预测碱基编辑结果。BE-DICT 是一种多功能工具，原则上可以在任何新型碱基编辑器变体上进行训练，促进碱基编辑在研究和治疗中的应用。其结构如图 3-8 所示。

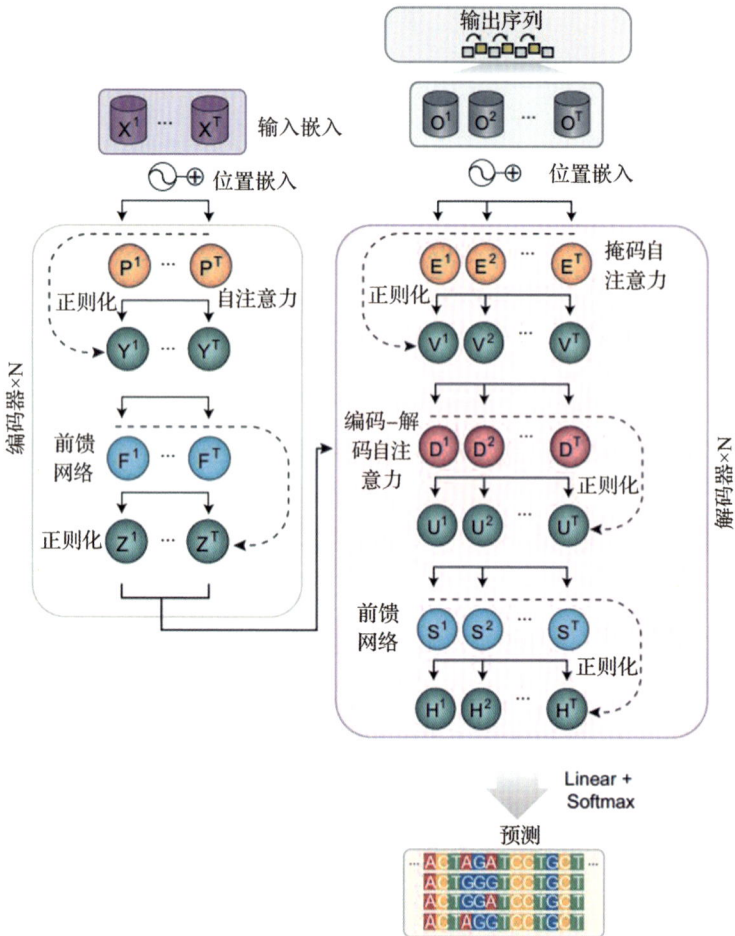

图 3-8 BE-DICT 结构[26]示意图

3.4.5 AI 助力肽药物的发现

肽是由多个氨基酸通过肽键连接而形成的一类化合物,可自然介导或调节约 40% 的细胞生理过程,具有开发为靶向蛋白质-蛋白质相互作用的药物的应用前景。将肽开发为药物具有以下优势:它们可以穿透细胞膜进入细胞,顺利到达治疗的目标位置;另外,它们具有低毒性、高亲和力和高特异性等特点。

俄罗斯 Skoltech 大学的研究人员利用 3DCNN,提出了一种名为 BiteNetPp[27] 的蛋白质-肽结合位点检测方法。该方法采用基于张量的空间蛋白质结构表示,将其反馈给 3DCNN,从而产生输入结构中结合热点的概率分数和坐标。然后他们使用域适应技术来微调在蛋白质-小分子复合物上进行蛋白质-肽结构训练的模型(图 3-9)。BiteNetPp 在独立基准测试中始终优于现有的最先进方法。分析单个蛋白质结构所需时间不到 1 秒,因此 BiteNetPp 适用于蛋白质-肽结合位点的大规模分析,有利于当下非常具有应用前景的肽药物的开发。

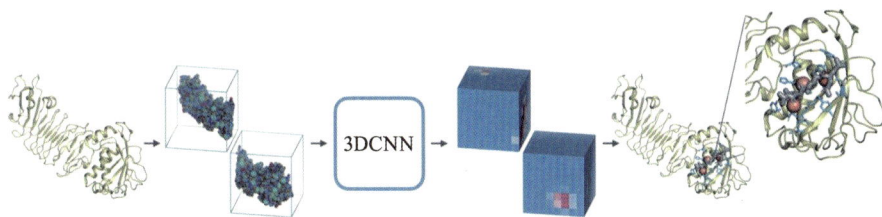

图 3-9 BiteNetPp 结构[27]示意图

3.5 AI 制药的机遇与挑战

全球生物医药市场规模不断增长和医药研发效率不断下降之间的矛盾,迫使医药研发开始寻求全新的药物研发理论体系。事实上,传统制药已经难以应对现代制药环节中暴露出的各种问题,如海量分子数据分析问题、准确的结构功能预测问题、合理的分子表征问题、高效的药物性质优化问题等。应用 AI 辅助药物设计是推动现代制药发展的必由之路。

近年来,越来越多的药企参与到与 AI 相关的计算制药中,Janssen Research & Development 的一项研究表明,AI 制药方法的效率是传统药物发现方法的 250 倍。我们统计了在 AI 辅助药物研发上有所行动的药企名单与其行动总次数(表 3-4),其中行动总次数指药企与所有类型的组织进行的有关 AI 药物研发的行动次数总和,包括药企与 AI 初创公司、IT - 云服务商、高校开展的合作以及药企对 AI 初创公司的投资。AI 公司多为初创公司,规模相对较小,其中有 41 家药企与 AI 公司有合作关系,占比 93%;IT - 云服务商以 IBM、谷歌(Google)为代表,其麾下的人工智能创新实验室是药企的理想合作对象,共有 14 家药企与 IT - 云服务商

表 3-4　44 家药企 AI 行动次数

公司名称	行动次数	公司名称	行动次数	公司名称	行动次数
诺华	9	礼来	3	雨涵	2
阿斯利康	8	吉利德	3	卫材	2
杨森	8	灵北	3	Almirall	1
辉瑞	8	大熊	3	易普森	1
葛兰素史克	8	艾伯维	2	田边三菱	1
默克	7	安进	2	雀巢	1
拜耳	7	巴斯夫	2	诺和诺德	1
勃林格殷格翰	6	新基	2	宝洁	1
罗氏	6	CJ 健康	2	参天	1
赛诺菲	5	基因泰克	2	住友	1
药明康德	5	伊奥尼斯	2	Wave Life Sciences	1
武田	5	Ono Pharmaceuticals	2	Zambon Pharma	1
安斯泰来	4	SK 生物制药	2	豪森药业	1
Evotec	3	施维雅	2	正大丰海制药	1
百时美施贵宝	3	舒诺维翁	2		

有合作关系,占比 32%;药企与高校合作的 AI 技术服务行动大多是基于
高校实验室的技术交流或人才与资金援助,共有 7 家药企与高校开展了
合作,占比 15.9%;至于对 AI 初创公司的投资,至少有 8 家药企参与,投
资总金额超过 1.3 亿美元。

在采样的 44 家药企中,行动次数排名前十五的药企公司正好对应于
2020 年全球制药企业总体排名的前十五。同时,这 15 家公司的平均 AI
行动次数为 5.6 次,比其他药企(平均 2.03 次)高 1 倍以上。而在这 44
家药企中,美国进行 AI 制药的药企最多,为 12 家,占比 27%,其次是日本,
第三是德国。中国入榜的药企数量有 3 家,分别是药明康德、豪森药业以
及正大丰海制药,位列第 5;AI 合作总次数为 7 次,位列第 8(图 3-10)。

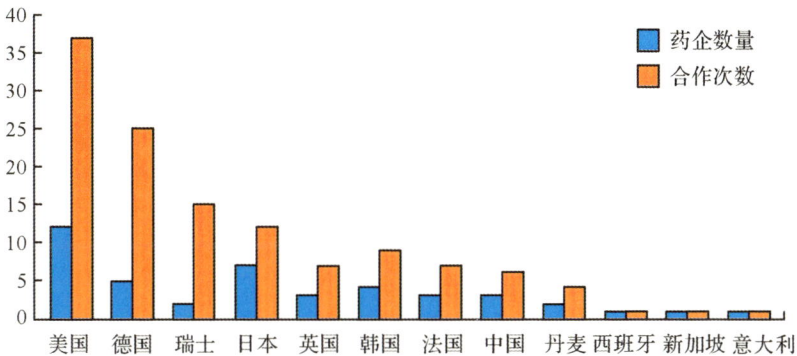

图 3-10   各国药企数量及合作次数

药企大规模的 AI 行动也取得了显著成绩。据统计,2014 年至 2019
年,21 家头部跨国药企共发表"计算药物研发"相关论文 398 篇,启动内
部 AI 研发项目 73 项、外部 AI 公司合作项目 61 项,收购/投资初创 AI 企
业 11 项。2021 年 1 月 11 日,全球领先的制药公司勃林格殷格翰宣布与
谷歌达成合作协议,专注于研究量子计算在药物研发流程中的前沿领域
问题,其中包括分子动力学模拟。2021 年 4 月 9 日,Exscientia 宣布,第
一个由公司 AI 平台设计的肿瘤免疫小分子 EXS21546 即将进入人体临
床试验(first in huma, FIH)。

在中国,计算制药行业同样发展迅猛。据统计,到 2020 年,就已经有

19家 AI 制药公司获得融资,总额达 14.16 亿美元。2021 年,平安科技研究院和清华大学联合在计算生物学顶刊 *Briefings in Bioinformatics* (BIB)上发表了一篇论文,首次公开了用于药物发现的具有 5,300 万参数的分子预训练模型。2021 年 3 月,英矽智能宣布在全球首次利用计算辅助技术发现新机制特发性肺纤维化(idiopathic pulmonary fibrosis,IPF)药物新靶点,以及基于该靶点而设计的全新化合物。

尽管 AI 制药得到了快速发展,但计算制药也面临着许多"卡脖子"问题,例如如何识别样品小分子、如何对未知的药物副作用反应作出准确预测、如何在较短的时间周期内解决耐药性预测问题。要解决这些"卡脖子"问题,我们必须设计更优秀的算法,以数据驱动的方式将智能计算更好地运用到 AI 制药中。而在这之前,我们需要在以下几个方面完成技术突破:

(1)高效的分子表征方法。生物大分子(DNA、RNA、蛋白质等)以及化合物大分子(药物分子等)均是以无法被计算机处理的字符的形式展示的,开发有效的生物分子、化合物分子表征方法是人工智能赋能新药研发的基础,是先进的机器学习算法得以有效发挥功能的关键。

(2)数据融合。生物、化学、医药方面的数据往往是多源的、异质的。例如,蛋白质有三种结构数据(一维、二维、三维)、多种理化性质数据。如何有效地组织各方数据源,融合不同类型的数据信息是改进 AI 制药的重要一环。

(3)数据预处理。生物基因数据通常伴有高维、高噪声、稀疏等特性。如何有效地剔除噪声信息,精炼出关键、有效的数据部分,或者如何设计一种算法能够有效地抵抗噪声的干扰,是研究人员亟待进一步解决的问题。

(4)如何将先进的人工智能算法与专业的实验室生物制药知识进行有机融合,让专家知识来指导 AI 算法的构建,从而打造出一个系统的、稳定的药物研发辅助计算模型。

相信随着计算制药的不断发展,药物研发过程中的各种问题会被逐个解决,快速、高效的 AI 制药时代即将到来。

参考文献

[1] 徐文方,李绍顺,杨晓红.药物设计学[J].北京:人民卫生出版社,2011.

[2] 何彦祯.AHAS 与不同结构类型抑制剂的相互作用研究[D].武汉:华中师范大学,2007.

[3] Vaswani A, Shazeer N, Parmar N, et al. Attention is all you need[C]//Advances in Neural Information Processing Systems,2017:5998-6008.

[4] Linenberger K J, Bretz S L. Biochemistry students' ideas about how an enzyme interacts with a substrate[J]. Biochemistry and Molecular Biology Education,2015, 43(4):213-222.

[5] Kreutter D, Schwaller P, Reymond J L. Predicting enzymatic reactions with a molecular transformer[J]. Chemical Science,2021,12(25):8648-8659.

[6] Chen L, Tan X, Wang D, et al. TransformerCPI: improving compound-protein interaction prediction by sequence-based deep learning with self-attention mechanism and label reversal experiments[J]. Bioinformatics,2020,36(16):4406-4414.

[7] Yang Y, Zheng S, Su S, et al. SyntaLinker: automatic fragment linking with deep conditional transformer neural networks [J]. Chemical Science, 2020, 11 (31): 8312-8322.

[8] Tetko I V, Karpov P, van Deursen R, et al. State-of-the-art augmented NLP transformer models for direct and single-step retrosynthesis[J]. Nature Communications, 2020,11(1):1-11.

[9] Makhzani A, Shlens J, Jaitly N, et al. Adversarial autoencoders[J]. arXiv preprint arXiv:1511.05644,2015.

[10] Repecka D, Jauniskis V, Karpus L, et al. Expanding functional protein sequence spaces using generative adversarial networks[J]. Nature Machine Intelligence, 2021,3(4):324-333.

[11] Lim J, Ryu S, Park K, et al. Predicting drug-target interaction using a novel graph neural network with 3D structure-embedded graph representation[J]. Journal of Chemical Information and Modeling,2019,59(9):3981-3988.

[12] Lin X, Quan Z, Wang Z J, et al. KGNN: Knowledge Graph Neural Network for Drug-Drug Interaction Prediction[C]//IJCAI,2020,380:2739-2745.

[13] Deng D, Chen X, Zhang R, et al. XGraphBoost: extracting graph neural network-based features for a better prediction of molecular properties[J]. Journal of Chemical Information and Modeling,2021,61(6):2697-2705.

[14] Popova M，Isayev O，Tropsha A. Deep reinforcement learning for de novo drug-design[J]. Science Advances，2018，4(7)：eaap7885.

[15] Zhou Z，Kearnes S，Li L，et al. Optimization of molecules via deep reinforcement learning[J]. Scientific Reports，2019，9(1)：1-10.

[16] Gottipati S K，Sattarov B，Niu S，et al. Learning to navigate the synthetically accessible chemical space using reinforcement learning[C]//International Conference on Machine Learning. PMLR，2020：3668-3679.

[17] 邓磊. 基于 3DCNN 的蛋白质结构评价[D]. 长春：吉林大学，2019.

[18] 张瑞林，丁彦蕊. 3D 卷积神经网络的结构优化及中枢神经系统药物的识别[J]. 西北大学学报(自然科学版)，2020，50(1)：31-38.

[19] Li C，Wang J，Niu Z，et al. A spatial-temporal gated attention module for molecular property prediction based on molecular geometry[J]. Briefings in Bioinformatics，2021，22(5)：bbab078.

[20] Jumper J，Evans R，Pritzel A，et al. Highly accurate protein structure prediction with AlphaFold[J]. Nature，2021，596(7873)：583-589.

[21] Baek M，DiMaio F，Anishchenko I，et al. Accurate prediction of protein structures and interactions using a three-track neural network[J]. Science，2021，373(6557)：871-876.

[22] Zhavoronkov A，Ivanenkov Y A，Aliper A，et al. Deep learning enables rapid identification of potent DDR1 kinase inhibitors[J]. Nature Biotechnology，2019，37(9)：1038-1040.

[23] Stokes J M，Yang K，Swanson K，et al. A deep learning approach to antibiotic discovery[J]. Cell，2020，180(4)：688-702，e13.

[24] Townshend R J L，Eismann S，Watkins A M，et al. Geometric deep learning of RNA structure[J]. Science，2021，373(6558)：1047-1051.

[25] Yuan T，Yan N，Fei T，et al. Optimization of C-to-G base editors with sequence context preference predictable by machine learning methods[J]. Nature Communications，2021，12(1)：1-11.

[26] Marquart K F，Allam A，Janjuha S，et al. Predicting base editing outcomes with an attention-based deep learning algorithm trained on high-throughput target library screens[J]. Nature Communications，2021，12(1)：1-9.

[27] Kozlovskii I，Popov P. Protein-peptide binding site detection using 3D convolutional neural networks[J]. Journal of Chemical Information and Modeling，2021，61(8)：3814-3823.

4　行动篇

4.1　之江行动

浙江省科技创新发展"十四五"规划指出：到 2025 年，三大科创高地建设加速推进，基本建成国际一流的"互联网＋"科创高地，初步建成国际一流的生命健康和新材料科创高地；到 2035 年，全面建成三大科创高地，基本建成涵养全球创新人才的蓄水池，全面形成具有国际竞争力的全域创新体系。而"计算制药＝互联网＋生命健康"，覆盖省内的两大科创高地(图 4-1)。

中国计算制药水平和发达国家相比有较大差距：起步晚，技术积累弱，(用传统路径)短期内无法超越。之江实验室希望凭借智能计算的优势，对计算制药进行相关布局，决心与合作伙伴共同面对计算制药中最显眼、最关键、最重要的问题，瞄准计算制药研发流程中各个环节的"卡脖子"技术，以人力、物力、财力的投入来取得突破性进展，缩小我国在新药研发领域与欧美等强国的差距，最终达到世界领先水平。

我们期望借助人工智能算法、海量生物医药数据、超高速云计算等手段来优化新药研发的整个流程，其中涉及的问题很多，如研发基于受体的药物分子设计方案、利用化学计算方法识别多目标配体以提高配体的利

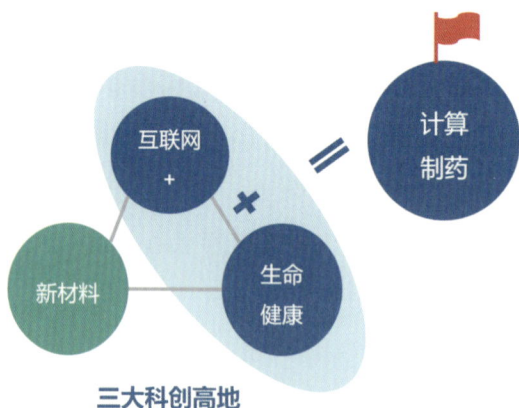

图 4-1　计算制药与三大科创高地

用率、研究蛋白质与配体的相互作用来提高配体匹配的精准度、构建一系列的相互作用网络(蛋白质相互作用网络、药物-基因相互作用网络、药物-疾病关联关系网络等)来系统分析大量的药物分子在生物系统中的相互作用关系,以了解其背后的工作原理、反应机制(图 4-2)。

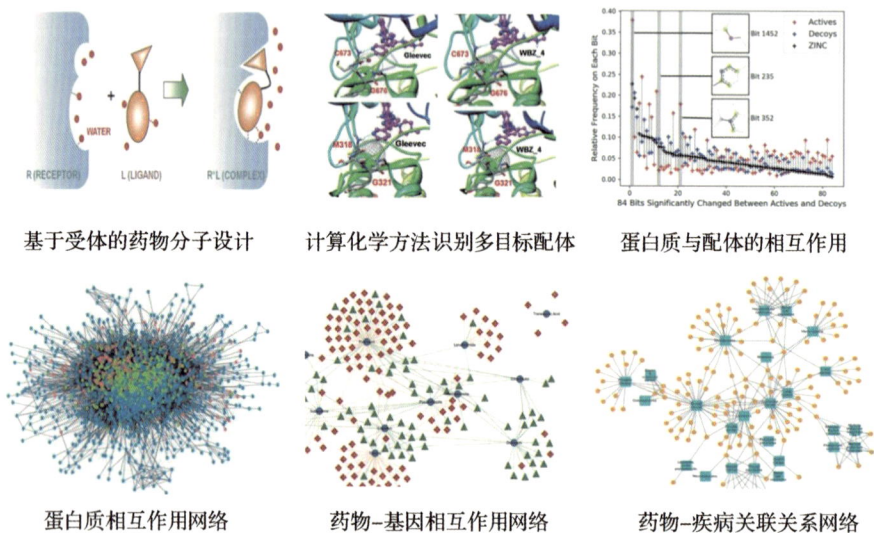

基于受体的药物分子设计　　计算化学方法识别多目标配体　　蛋白质与配体的相互作用

蛋白质相互作用网络　　药物-基因相互作用网络　　药物-疾病关联关系网络

图 4-2　药物研发过程中的前沿问题示意图

　　此外,之江实验室还拟针对药物研发的不同环节,构建三个智能化新药研发平台:①活性药物分子发现平台;②新药源头创新平台;③智能药物合成机器人。

　　活性药物分子发现平台:针对"苗头化合物确认"和"先导化合物优化"这两个新药研发的核心环节中存在的药物数据不足的痛点问题,建立药物数据生产实验室,构建万亿级真实的新药数据平台(图4-3)。

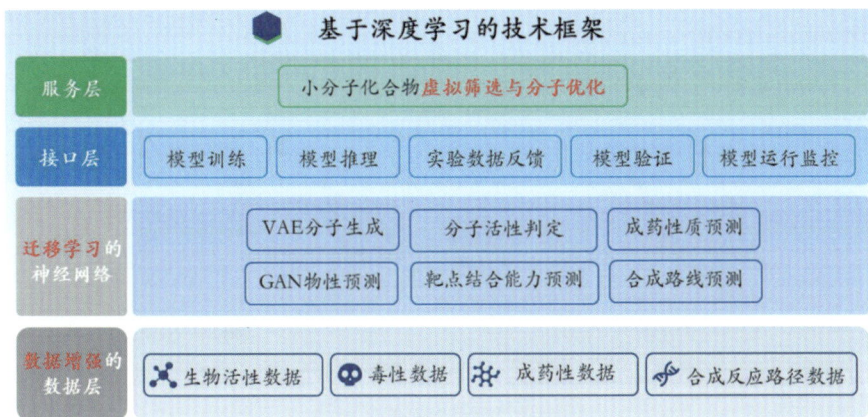

图 4-3　活性药物分子发现平台

注:VAE,指变分自编码器(variational auto-encoder);GAN:指生成式对抗网络(generative adversarial netuorks)。

　　新药源头创新平台:针对"靶点发现验证"和"临床研究数据挖掘"这两个新药研发链条中的源头问题,基于之江实验室已有的"超大规模电子病例知识图谱"等相关数据库,并与省内外的医院进行药物临床实验数据方面的深度合作,构建新药源头创新平台。

　　智能药物合成机器人:凭借之江实验室的软硬件研发实力,实现包括药物合成路线设计、化学反应条件优化、药物合成制备的全流程智能化。

　　这些平台将面向基础科学前沿,充分利用新药研发中的计算工具、方法,推动制药研发进一步智能化、计算化。同时,构建的生物医药大数据平台也将服务于社会各界,向全球医药领域从业人员提供制药相关的大数据处理、清洗、挖掘、分析等功能,实现制药全流程在线分析。之江实验室拟研究的内容还包括以下几个方面(图 4-4)。

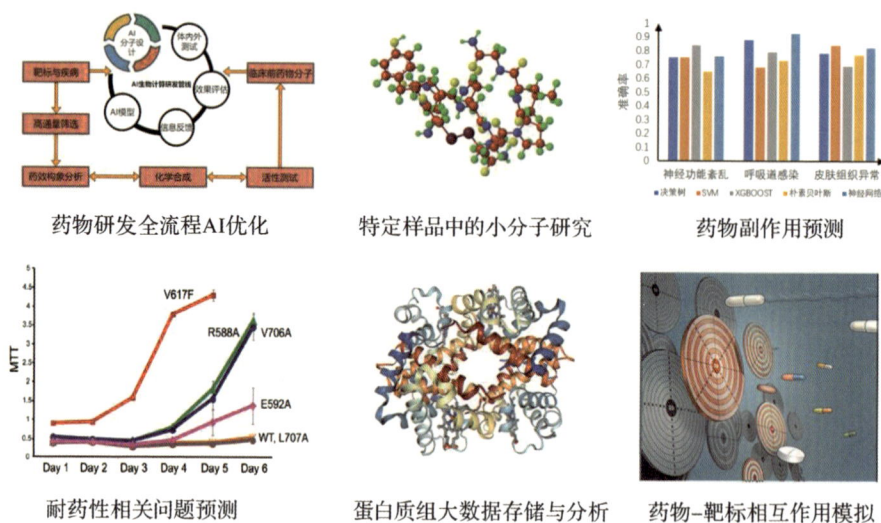

药物研发全流程AI优化

特定样品中的小分子研究

药物副作用预测

耐药性相关问题预测

蛋白质组大数据存储与分析

药物–靶标相互作用模拟

图 4-4　拟研究内容示意图

(1)药物研发全流程 AI 优化,主要包括:使用各种类型的组学数据(例如基因组学、蛋白质组学和代谢组学)训练 AI 模型来解释药物靶点与病理状态的相关性;设计合理算法,从众多化合物库中筛选出能有效治愈疾病的活性药物分子或建立识别模型来准确地识别活性分子以加快药物的先导化合物筛选的工程;开发优化模型,使其在先导化合物优化过程中对多个目标进行平衡来快速完成先导优化工作;建立仿真模型,切实帮助研发人员及时进行临床试验方案调整。

(2)确定特定样品中存在/不存在哪些已知小分子,主要包括:致力于设计生成质谱碎片的有效算法;整合多方数据源,构建一个更综合、更丰富的小分子数据库;深入研究超小分子识别领域,提高小分子识别的效率和准确性;构建适用于超重小分子的并行计算算法;扩增当前的参考光谱库分子数目,建立较为全面的参考光谱库。

(3)有效预测药物副作用,主要包括:建立基因组学数据、医学文献、社交网络数据和电子病历的数据存储库;使用包括但不限于文本挖掘、机器学习、自然语言处理等技术手段自动利用此类数据集执行药物不良反应的检测或监测;有效地联合使用这四种数据资源,发现数据中新颖、隐藏但宝贵的知识,来提高预测结果。

(4)耐药性相关问题预测,主要包括:结合蛋白质序列结构特征、理化特征、组成特征等多个特征的相互作用,以准确预测耐药性基因;设计一种结合分子动力学和机器学习的策略,将机器学习与分子动力学以及实验数据相结合,从分子动力学模拟中计算出大量的相互作用,以预测药物产生耐药性的分子机制;开发有效的计算模型来快速预测细菌对多种抗生素药物的反应,从而判断是否会产生抗生素耐药性。

(5)蛋白质组大数据存储和分析新范式的建立:开发一种新型的基于张量的数据格式及端到端 AI 的分析方法,通过这种用原始数据直接预测临床表型并获得相应差异特征的方式来促进大队列精准医学的数据解析和模型预测,解决传统质谱数据分析方法如数据非依赖性采集(data independent acquisition,DIA)等对质谱图进行打分预测并进行鉴定和定量生成含有每个样本蛋白质表达量的蛋白矩阵时含有 50% 以上的缺失值的问题。

(6)药物–靶标相互作用模拟:充分利用和疾病密切相关的分子靶标生物学信息,进一步开发基于物理学原理的计算化学理论和分子模拟技术,来研究在分子识别过程中的自由能和空间构象的变化,从而指导蛋白质结构和功能的改造;改进分子对接技术和提高打分函数的精度,通过系统地研究和改进当前计算受体和配体结合自由能方法中的局限性因素来提高虚拟筛选的成功率。

同时,之江实验室将构建数字反应堆集群来满足各个方向的算力需求,其中药物大数据 AI 智能计算平台如图 4-5 所示。

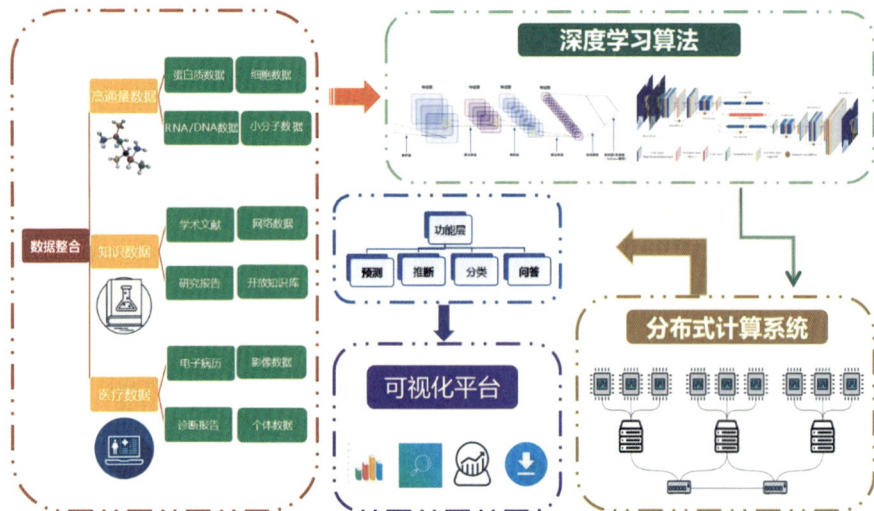

图 4-5 数字反应堆之药物大数据 AI 智能计算平台示意图

4.2 结语与展望

本书旨在系统地阐述计算制药的发展现状,并在此基础上讨论当前业界遇到的挑战和可能的发展方向。全球制药界面临的药物研发时间长、成本高等问题,促使着我们从传统制药向 AI 制药转型。得益于新一代大数据和智能计算技术的成熟,当前的计算制药正在经历以大数据和智能计算技术为驱动的科学范式变革。AI 制药,道阻且长,但行则将至。

之江实验室作为在智能计算领域有着深厚积累的新型科研机构,将搭建数字反应堆之药物大数据 AI 智能计算平台,并在此基础上集成包括机器学习算法、PB 级药物大数据的挖掘分析处理、高性能计算在内的多方面技术,以海量数据集建立精准模型,解决"卡脖子"问题,赋能现代计算制药产业,推进相关行业转型升级,为我国制药产业向世界一流水平进发做出有益贡献。